Bibliografische Information der Deutschen Nationalbibliothek

Die Deutsche Nationalbibliothek verzeichnet diese Publikation in der
Deutschen Nationalbibliografie; detaillierte bibliografische Daten sind
im Internet über http://dnb.d-nb.de abrufbar.

ISBN 978-3-8325-3914-6

Logos Verlag Berlin GmbH
Comeniushof, Gubener Str. 47,
10243 Berlin
Tel.: +49 (0)30 42 85 10 90
Fax: +49 (0)30 42 85 10 92
INTERNET: http://www.logos-verlag.de

Biaxial-planare isotherme und thermo-mechanische Ermüdung an polykristallinen Nickelbasis-Superlegierungen

Der Fakultät für Werkstoffwissenschaft und Werkstofftechnologie der
Technischen Universität Bergakademie Freiberg

genehmigte

DISSERTATION

zur Erlangung des akademischen Grades

Doktor-Ingenieur

Dr.-Ing.

vorgelegt

von Dipl.-Ing. Dirk Kulawinski
geboren am 06.11.1984 in Freiberg

Gutachter: Prof. Dr.-Ing. habil. Horst Biermann, Freiberg
Prof. Dr.-Ing. Uwe Gampe, Dresden

Tag der Verleihung: 12.12.2014

Kurzreferat

Ziel der Arbeit war die Erweiterung des biaxial-planaren Versuchsstandes um die Hochtemperatureignung für die isotherme und anisotherme (thermo-mechanische) niederzyklische Ermüdung. Versuchswerkstoffe waren die polykristalline Nickelbasis-Superlegierungen Waspaloy™, eine Knetlegierung für Turbinenscheiben, und IN738LC, eine Gusslegierung für den Einsatz in Turbinenschaufeln. Die Nickelbasis-Superlegierungen werden unter statischer, quasistatischer sowie isothermer und anisothermer zyklischer Beanspruchung anhand des Werkstoffverhaltens und der Versagensmechanismen charakterisiert. Für die Untersuchung der isothermen biaxial-planaren Ermüdung wird erstmals das Teilentlastungsverfahren, welches auf elastischen Entlastungen basiert, zur Spannungsberechnung bei erhöhten Temperaturen verwendet. Die proportionale biaxial-planare Beanspruchung mit Dehnungsverhältnissen von 1, 0,6 und -1 zwischen beiden Belastungsachsen stimmen mit den einachsigen Lebensdauern sehr gut überein, wodurch die Gestaltänderungsenergiehypothese nach von Mises eine Vergleichbarkeit zwischen den Spannungszuständen sicherstellt. Einzig die längere Lebensdauer des Scherversuchs von IN738LC kann mit der Gestaltänderungsenergiehypothese nach von Mises nicht beschrieben werden, da nicht ausschließlich der deviatorische Spannungsanteil schädigungs- und versagensrelevant ist.

Es wird ein Lebensdauermodell vorgestellt, welches auf dem Spannungs-Dehnungs-Ansatz basiert und die Energiedichte der Hysterese, die Mittelspannung und den Rissmechanismus berücksichtigt. Eine Lebensdauerkorrelation der einachsigen isothermen und thermo-mechanischen sowie der biaxial-planaren isothermen Ermüdungsversuchen gelingt für beide Nickelbasis-Superlegierungen.

Vorwort

Die vorliegende Arbeit entstand während meiner Tätigkeit als wissenschaftlicher Mitarbeiter am Institut für Werkstofftechnik der Technischen Universität Bergakademie Freiberg.

An erster Stelle möchte ich Herrn Prof. Dr.-Ing. habil. Horst Biermann, Direktor des Instituts für Werkstofftechnik an der TU Bergakademie Freiberg, für die Förderung und stete Unterstützung meiner Arbeit, das entgegengebrachte Vertrauen und die wertvollen Diskussionen danken.

Bei Herrn Prof. Dr.-Ing. Uwe Gampe (Technische Universität Dresden) bedanke ich mich für die konstruktive Zusammenarbeit, das Interesse an meiner Arbeit und die Übernahme des Gutachtens.

Ein besonderer Dank gilt Herrn Dr.-Ing. Sebastian Henkel und Frau Dipl.-Ing. Stephanie Ackermann für die stetige Diskussionsbereitschaft, die zahlreichen hilfreichen Anregungen und deren Unterstützung.

Mein außerordentlicher Dank gebührt Herrn M. Sc. Dirk Holländer und Herrn Dipl.-Ing. Marcus Thiele für die freundschaftliche Zusammenarbeit, die vielen Ideen und Anregungen sowie für die Unterstützung bei der Durchführung von numerischen Simulationen.

Herrn Dipl.-Ing. Dominik Krewerth und Herrn B. Sc. Carl Wolf möchte ich für kollegiale und freundschaftliche Mithilfe bei der Temperierung und thermografischen Messung der kreuzförmigen Probengeometrie danken.

Weiterhin möchte ich Herrn Dipl.-Ing. Markus Hoffmann, Herrn Dipl.-Ing. Roman Kolmorgen und Herrn Dipl.-Ing. Gerd Schade für die Mithilfe beim Aufbau der Zeitstandanlage und der einachsigen thermo-mechanischen Prüfeinrichtung danken.

Besonders dankbar bin ich Frau Dr.-Ing. Anja Weidner, Frau Dipl.-Ing. Christine Damm und Herrn Dipl.-Ing. Christian Segel für die Unterstützung bei den REM- und TEM-Untersuchungen. Durch ihre aufgewendete Zeit und immerwährende Geduld ermöglichten sie mir EBDS- und ECCI-Messungen sowie hochwertigen Bilder.

Für die Übersichtsaufnahmen der kreuzförmigen Probengeometrie in der Elektronenstrahlanlage bedanke ich mich bei Herrn Dr.-Ing. Karsten Rüthrich und Herrn Dipl.-Ing. Lars Halbauer.

Weiterhin möchte ich meinen Zimmerkolleginnen Frau Dipl. Wi.-Ing. Yvonne Klemm, Frau Dr. rer. pol. Peggy Rathmann, Frau Dipl.-Ing. Alexandra Müller und

V

Frau Dipl.-Ing. Karin Fischer für die angenehme und produktive Arbeitsatmosphäre danken.

Mein weiterer aufrichtiger Dank gilt allen Mitarbeitern der Werkstatt des Instituts für Werkstofftechnik für die zügige und zuverlässige Fertigung diverser Proben.

Für die hervorragende Präparation meiner Proben für die Nachuntersuchung bedanke ich mich bei allen Mitarbeitern der Metallografie und im Besonderen bei Frau Dipl.-Ing. Karin Zuber, Frau Dipl.-Ing. Angelika Müller und Frau Dipl.-Ing. Astrid Leuteritz.

Herrn Dipl.-Ing. Michael Walther von der BÖHLER Edelstahl GmbH & Co.KG sowie den Mitarbeitern Herrn Dipl. Wi.-Ing. Christian Fach und Herrn Dipl.-Ing. Björn Dietrich des Gießereiinstitutes der Technischen Bergakademie Freiberg für die Bereitstellung der untersuchten Nickelbasis Knet- und Gusslegierung.

Ich danke der Europäischen Union und dem Freistaat Sachsen für die Förderung im Rahmen des Spitzentechnologie Clusters ECEMP.

Ein besonders herzlicher Dank gilt meiner Familie sowie meiner Freundin Christine, die mit mir die entbehrungsreiche Zeit durchgestanden haben und mir immerwährend Rückhalt und Unterstützung gaben.

Im Speziellen möchte ich meinen Freunden Herrn Dipl.-Ing. Tom Jäpel, Herrn Dipl.-Ing. Bernhard Keller, Herrn Dipl.-Ing. Sebastian Manzke, Herrn Dipl.-Ing. Marcus Müller und Herrn Dipl.-Ing. Stefan Schafföner für die ermutigenden Diskussionen, das erfolgreiche Filmprojekt „Afterwork" und die Patentanmeldung für die „Homogen aromatisierte Kaffeebohne" danken.

Ein spezieller Dank geht an Mark-Uwe Kling für all die Geschichten mit dem Känguru, welche unterhaltsame Pausen während der Erstellung der Arbeit garantierten.

VI

Versicherung

Hiermit versichere ich, dass ich die vorliegende Arbeit ohne unzulässige Hilfe Dritter und ohne Benutzung anderer als der angegebenen Hilfsmittel angefertigt habe. Die aus fremden Quellen direkt oder indirekt übernommenen Gedanken sind als solche kenntlich gemacht.

Weitere Personen waren an der Abfassung der vorliegenden Arbeit nicht beteiligt. Die Hilfe eines Promotionsberaters habe ich nicht in Anspruch genommen. Weitere Personen haben von mir keine geldwerten Leistungen für Arbeiten erhalten, die nicht als solche kenntlich gemacht worden sind. Die Arbeit wurde bisher weder im Inland noch im Ausland in gleicher oder ähnlicher Form einer anderen Prüfungsbehörde vorgelegt.

Freiberg, den 1. Februar 2015

Dirk Kulawinski

Inhaltsverzeichnis

Liste der verwendeten Symbole und Abkürzungen

Abkürzungen

ASTM .... American Society for Testing and Materials

BAM .... Bundesanstalt für Materialforschung und -prüfung

BMC .... Basquin und Manson-Coffin Ansatz

Dim. .... Dimension

DIN .... Deutsches Institut für Normung

DWL .... Dehnungswöhlerlinie

EDX .... Energiedispersive Röntgenspektroskopie

EBSD .... electron backscatter diffraction

ESZ .... Ebener Spannungszustand

EN .... Europäische Norm

engl. .... in englischer Sprache

ESV .... Einstufenversuche

FEM .... Finite-Elemente-Methode

GEH .... Gestaltänderungsenergiehypothese nach von Mises

HCF .... high cycle fatigue

kfz .... kubisch-flächenzentrierte Gitterstruktur

$L1_2$ .... Kristallstruktur

LCF .... low cycle fatigue

LSV .... Laststeigerungsversuche

MC, $M_{23}C_6$, M_6C ... Metallkarbidtypen

ODS .... Oxide dispersion-strength Legierungen

rel. .... relativ

REM .... Rasterelektronenmikroskop

TCP .... topologisch dichtest gepackte Phase

TEM .... Transmissionselektronenmikroskop

TM .... unregistrierte Warenmarke

IP .... thermo-mechanische In-Phase-Beanspruchung

OP .... thermo-mechanische Out-of-Phase-Beanspruchung

TMF .... thermo-mechanical fatigue

Symbole

σ_m	Mittelspannung
dA_i	Schnittflächen senkrecht zu den Achsenrichtungen i des kartesischen Koordinatensystems
dA_n	beliebige Schnittfläche
A_{Br}	Bruchdehnung
Al_2O_3	Aluminiumoxid
β_{okt}	Richtung der Oktaederschubspannung
$\vec{\tau}_{GS}$	Schubspannung im Gleitsystem
$\vec{b}_G$	Burgersvektor in der Gitterstruktur
$\vec{b}_{PKS}$	Burgersvektor im Probenkoordinatensystem
b	Ermüdungsfestigkeitsexponent
c	Emüdungsduktilitätsexponent
C_{LM}	Materialkonstante zur Berechnung des Larson Miller Parameters
c_L	Liquiduskonzentration
Cr_3O_2	Chromoxid
c_S	Soliduskonzentration
$\Delta\epsilon_{V_{pl}}^{GEH}$	plastische Vergleichsdehnungsschwingbreite nach der Gestaltänderungsenergiehypothese
dA	infinitesimal kleine Schnittfläche
dx_i	Länge des infinitesimalen Würfelelements in den Achsenrichtungen i
$\dot{\epsilon}$	Dehnrate
$\dot{\epsilon}_{min}$	minimale Kriechgeschwindigkeit
$\epsilon_{V_A}^{GEH}$	Vergleichsdehnungsamplitude nach der Gestaltänderungsenergiehypothese
$\epsilon_{V_{Zug}}^{GEH}$	mechanische Vergleichs- bzw. Dehnungsamplitude im Zugbereich nach der Gestaltänderungsenergiehypothese
ϵ_A	Dehnungsamplitude
ϵ_f	Ermüdungsduktilitätskoeffizient
$\epsilon_{1/2}^D, \epsilon_{1/2_{el}}^D, \epsilon_{1/2_{pl}}^D$ ...	Gesamtdehnung sowie elastischer und plastischer Dehnungsanteil im Druckbereich für die Achsenrichtung 1 bzw. 2
$\epsilon_{1/2}^Z, \epsilon_{1/2_{el}}^Z, \epsilon_{1/2_{pl}}^Z$ ...	Gesamtdehnung sowie elastischer und plastischer Dehnungsanteil im Zugbereich für die Achsenrichtung 1 bzw. 2
$\epsilon_{1_A}, \epsilon_{2_A}$	Gesamtdehnungsamplitude Achse 1 bzw. 2
$\epsilon_{1_{el}}, \epsilon_{2_{el}}$	elastische Dehnung in den Achsenrichtungen 1 bzw. 2
$\epsilon_{1_{pl}}, \epsilon_{2_{pl}}$	plastische Dehnung in den Achsenrichtungen 1 bzw. 2
$\epsilon_1, \epsilon_2, \epsilon_3$	Dehnung in den Achsenrichtungen 1, 2 bzw. 3

$\epsilon_{el}, \epsilon_{pl}$ .... elastischer und plastischer Dehnungsanteil

ϵ_{ii} .... Dehnung in den Achsenrichtungen i

ϵ_{ij} .... Dehnungstensor

$\epsilon_{tot}, \epsilon_{mech}, \epsilon_{ther}$ ..... totale, mechanische und thermische Dehnung

ϵ_V^{GEH} .... Vergleichsdehnung nach der Gestaltänderungsenergiehypothese

Φ^E .... Eulerwinkel der zweiten Rotation um die x-Achse

ϕ_1^E .... Eulerwinkel der ersten Rotation um die z-Achse

ϕ_2^E .... Eulerwinkel der dritten Rotation um die z-Achse

φ_ϵ .... Phasenversatz zwischen den Achsen 1 und 2

$\vec{e}_i$ .... Einheitsvektor

E_S .... Sekantenmodul

E_{ijkl} .... Elastizitätstensor

E .... Elastizitätsmodul

$\vec{F}$ .... Schnittkräfte

F_V^{GEH} .... Vergleichskraft nach der Gestaltänderungsenergiehypothese

F_1, F_2 .... Kraft in Achsenrichtung 1 bzw. 2

f .... Frequenz

$F_{V_m}^{GEH}$ .... Vergleichsmittelkraft nach der Gestaltänderungsenergiehypothese

$F_{V_A}^{GEH}$ .... Vergleichskraftamplitude nach der Gestaltänderungsenergiehypothese

δ .... Fehlpassungsparameter

ϵ_{max} .... maximale Normaldehnungsebene

γ .... Mischkristall

γ' .... Ausscheidungsphase

γ_{ij} .... Technische Gleitung

γ_{max} .... maximale Schubebene

$a_\gamma, a_{\gamma'}$ .... Gitterparameter der γ-Matrix und der γ'-Ausscheidung

k .... Verteilungskoeffizient

K' .... Verfestigungskoeffizient der Ramberg-Osgood-Gleichung

$\vec{M}$ .... Momente

$\nu_{el}, \nu_{pl}, \nu_{eff}$ .... elastische, plastische und effektive Querkontraktionszahl

$\vec{n}$ .... Normalenvektor

$\vec{n}_G^{GE}$ .... Normalenvektor der Gleitebene in der Gitterstruktur

$\vec{n}_{PKS}^{GE}$ .... Normalenvektor der Gleitebene im Probenkoordinatensystem

$\vec{n}_i, \vec{n}_j$ .... Normaleneinheitsvektor

n .... Norton-Exponent

Ni_3Al .... γ'-Ausscheidung

Ni$_2$Cr .... Überstruktur, die in Nickelbasis-Superlegierungen mit Chromgehalten von 20 % präsent ist

N$_f$, N$_{f_{Vorhersage}}$, N$_{f_{Real}}$ Lebensdauer, Lebensdauervorhersage und experimentell bestimmte Lebensdauer

n' .... Verfestigungsexponent der Ramberg-Osgood-Gleichung

Φ .... Dehnungsverhältnis oder Proportionalitätsfaktor

φ_T .... Phasenversatz zwischen thermischem und mechanischem Zyklus

P .... Larson-Miller-Parameter

P$_{SWT}$ .... Schädigungsparameter nach Smith, Watson und Topper

x, y, z .... Achsen des Probenkoordinatensystems

Q .... Aktivierungsenergie für den Versagensmechanismenwechsel

R_K .... Rotationsmatrix der Kornorientierung zum Probenkoordinatensystem

R$_m$ .... Zugfestigkeit

R$_{p0,2}$ .... Dehngrenze

R, R$_\epsilon$ .... Spannungsverhältnis und Dehnungsverhältnis aus Minimal- und Maximalwert

σ .... Normalspannung

$\sigma_{V_{max}}^{GEH}$ .... Maximale Spannung bzw. Vergleichsspannung

σ_n^{OS} .... Normalspannungsvektor auf der Oktaederschnittfläche

σ_0 .... Ausgangsspannungen der Kriechversuche

σ_A .... Spannungsamplitude

σ_f .... Ermüdungsfestigkeitskoeffezient

σ_{1_A}, σ_{2_A}, σ_{3_A} .... Hauptnormalspannungsamplitude in den Achsenrichtungen 1, 2 bzw. 3

σ_I, σ_{II}, σ_{III} .... Größte, mittlere und kleinste Hauptnormalspannung

σ_V^{GEH}, $\sigma_{V_A}^{GEH}$ .... Vergleichsspannung und -amplitude nach der Gestaltänderungsenergiehypothese

σ_V^{NH}, $\sigma_{V_A}^{NH}$ .... Vergleichsspannung und -amplitude nach der Normalspannungshypothese

$\underline{\sigma} = \sigma_{ij}$ .... Spannungstensor zweiter Ordnung

$\vec{\sigma}^{OS}$ .... Spannungsvektor auf der Oktaederschnittfläche

$\dot{T}$ .... Aufheiz- und Abkühlrate

τ .... Schubspannung

τ^{OS}, τ_A^{OS} .... Oktaederschubspannung und -amplitude

τ_A^{SI} .... Schubspannung nach Spannungsintensität

τ_{max} .... Maximale Schubspannung

$\vec{t}$ .... Spannungsvektor

$\vec{t}_i$ .... Spannungsvektor der Schnittflächen i

$\vec{t}_n$ .... Spannungsvektor einer beliebigen Schnittfläche

$\vec{t}_{GE}$ .... Spannungsvektor der Gleitebene

$\vec{t}_{n_i}$ .... Spannungsvektor parallel zum Normaleneinheitsvektor

t .... Zeit

T .... Temperatur

T_S .... Schmelztemperatur

t_{Br} .... Bruchzeit

u_i .... Verschiebung in den Achsenrichtungen i

R .... universelle Gaskonstante

ΔW_{Zam} .... Schädigungsparameter nach Zamrik und Renauld

W_{Diss} .... Energiedichte nach dem Lebensdauermodell der Dissertation

$W_{pl_{Ost}}$ .... plastische Energiedichte nach Ostergren

x_1, x_2, x_3 .... Achsenrichtungen im kartesischen Koordinatensystem

1 Einleitung

1.1 Motivation

Klima- und umweltpolitische Vorgaben sowie die zunehmende Verknappung mit der einhergehenden Verteuerung von fossilen Brennstoffen fordern nach einer stetigen Reduktion von Abgasen und Emissionen sowie einer ressourcenschonenden Nutzung. Die Umsetzung der Forderungen wird in der Energiegewinnung und Antriebstechnik auf Basis von Gasturbinen mit einem steigenden Wirkungsgrad der Anlagen gelöst. Die Wirkungsgradsteigerung wird durch die Erhöhung der Turbineneintrittstemperatur erreicht, wodurch Werkstoffe mit einer höheren thermischen und thermo-mechanischen Beständigkeit in der Turbine benötigt werden. Derartige Materialien müssen für die Auslegung und den späteren Einsatz in der Turbine innerhalb der Werkstoffprüfung mechanisch charakterisiert werden. In der Werkstoffprüfung besteht daher stets die Forderung nach Prüfmethoden, die eine sichere und schnelle mechanische Charakterisierung unter möglichst realitätsnahen Beanspruchungen ermöglichen, um neue Legierungen zu evaluieren oder das gesamte Werkstoffpotential bekannter Legierungen zu nutzen.

Im Fall der Dampfturbine wirken auf die Turbinenschaufeln und -scheiben hohe Gasdrücke und Zentripetalkräfte, so dass eine mehrachsige Beanspruchung der Bauteile vorliegt. Neben der mechanischen Beanspruchung sind Turbinenkomponenten hohen Temperaturen ausgesetzt. Im realen Betrieb treten aufgrund schwankender Leistungsabfrage Lastvariationen auf, welche in der Werkstofftechnik mit den niederzyklischen Ermüdungsversuchen (Low Cycle Fatigue – LCF) bei erhöhten Temperaturen beschrieben werden. Die An- und Abschaltvorgänge bewirken eine Überlagerung des Aufheiz- und Abkühlzyklus zur mechanischen Beanspruchung und werden in der Werkstoffprüfung anhand von thermo-mechanischen Ermüdungsversuchen (Thermo Mechanical Fatigue – TMF) nachgestellt.

Derzeitig werden die komplex beanspruchten Bauteile mit Hilfe von Vergleichshypothesen, wie der Gestaltänderungsenergiehypothese nach von Mises, auf Basis von einachsigen Materialdaten ausgelegt. Die daraus resultierende Kluft zwischen Bauteilauslegung und Realität kann anhand der mehrachsigen Werkstoffprüfung reduziert werden. In der isothermen und anisothermen Ermüdungsprüfung kann die

Diskrepanz zwischen einachsigen und mehrachsigen Beanspruchungen besonders kritisch werden, wenn die beobachtete Lebensdauerverkürzung in einzelnen mehrachsigen Lastfällen die Sicherheitsreserven übersteigt. Aus Gründen der realitätsnahen Prüfung und der ungeeigneten Lebensdauerbeschreibung ist für die Evaluierung von Werkstoffen für Turbinenschaufeln und -scheiben ein mehrachsiger Ermüdungsprüfstand mit an- und isothermer Temperaturregelung erforderlich.

1.2 Aufgabenstellung

Angesichts der hohen Temperaturen und mechanischen Belastungen werden im Bereich der Turbine vor allem Nickelbasis-Superlegierungen eingesetzt. Innerhalb der Arbeit werden die polykristallinen Nickelbasis-Superlegierungen Waspaloy^{TM} als ein typischer Turbinenscheibenwerkstoff und IN738LC untersucht. Beide Werkstoffe sollen in einachsigen Versuchen unter statischer, quasistatischer und zyklischer Beanspruchung in Bezug auf das Werkstoffverhalten sowie die Versagensmechanismen charakterisiert werden. Die zyklischen Versuche umfassen sowohl die isotherme niederzyklische als auch die thermo-mechanische Ermüdung. Eingeordnet werden die Ergebnisse im Kontext der Literaturdaten beider Legierungen.

Darüber hinaus soll für beide Legierungen das Ermüdungs- und Versagensverhalten für einen Spezialfall der mehrachsigen Beanspruchung, die biaxial-planare Ermüdungsprüfung an kreuzförmigen Proben, erweitert werden. Gegenstand der Arbeit ist der Aufbau eines biaxial-planaren Versuchsstandes, der sowohl für eine isotherme als auch zyklische Temperaturführung geeignet ist. An beiden Werkstoffen IN738LC und Waspaloy^{TM} soll das biaxial-planare isotherme Ermüdungsverhalten unter verschiedenen proportionalen Belastungen ermittelt werden. Dafür soll das Teilentlastungsverfahren erstmals bei erhöhten Temperaturen verwendet werden, um die Spannungen im Messbereich zu erfassen. Das Teilentlastungsverfahren ermöglicht eine direkte Beschreibung des Wechselverformungsverhaltens, der zyklischen Spannungs-Dehnungs-Werte und der Lebensdauer auf Basis der Messdaten, wodurch auf eine numerische Simulation der kreuzförmigen Probe verzichtet werden kann. Neben den isothermen biaxial-planaren Ermüdungsversuchen, die bereits von einigen Forschergruppen durchgeführt wurden, wird erstmals ein biaxial-planarer thermo-mechanischer Ermüdungsversuch an Waspaloy^{TM} dargestellt.

Weiteres Ziel der Arbeit ist die Entwicklung eines Lebensdauermodells, welches in der Lage ist, sowohl die einachsigen als auch zweiachsigen isothermen und thermo-mechanischen Lebensdauern zu beschreiben. Dabei soll das Modell auf Daten der Hochtemperaturermüdungsversuche (LCF bzw. TMF) basieren und für beide

Nickelbasis-Superlegierungen gültig sein. Ebenso sind die Ergebnisse bezüglich der temperaturabhängigen Versagensmechanismen in das Lebensdauermodell zu integrieren. Abschließend wird das Lebensdauermodell mit häufig verwendeten Lebensdauermodellen verglichen sowie unter Verwendung von Literaturdaten verifiziert.

2 Stand der Technik

2.1 Konzepte zur Bewertung mehrachsiger Beanspruchungen

2.1.1 Grundlagen der Kontinuumsmechanik

In diesem Abschnitt werden die wesentlichen Grundlagen zur Beschreibung der Beanspruchung innerhalb eines Werkstoffes dargestellt. Dabei wird der Werkstoff mit seinem heterogenen Aufbau vereinfacht und als Kontinuum betrachtet. Eine weiterführende und detaillierte Darlegung der Grundlagen ist in einschlägigen Werken [1–6] zu finden.

Belastungen und Beanspruchungen

Auf Bauteile mit beliebiger Geometrie wirken Kräfte mit unterschiedlicher Orientierung und Richtung. In der Realität wirken die Kräfte auf Flächen (Kontaktkräfte) und auf das gesamte Volumen (Eigengewicht, Magnetismus) und werden zur Vereinfachung als Linien- und Einzelkräfte angenommen [2]. All diese Kräfte werden vom Körper aufgenommen sowie übertragen, und solange der Körper keine Bewegung ausübt, befinden sich alle Kräfte im Gleichgewicht.

Spannung

Um die innere Beanspruchung eines Körpers zu beschreiben, wird an einem frei wählbaren Punkt geschnitten, so dass eine Schnittfläche A entsteht, an welcher die Schnittkräfte $\vec{F}$ und Momente $\vec{M}$ wirken, die im globalen Gleichgewicht mit den äußeren Kräften stehen. Um die lokale Beanspruchung jedoch am gewählten Punkt zu ermitteln, ist die Schnittfläche dA als infinitesimal klein anzunehmen. Aufgrund der infinitesimal kleinen Fläche ist die Kraftverteilung nahezu konstant und der Hebelarm des Momentes geht gegen 0, wodurch das Schnittmoment entfällt. Demzufolge ergibt sich der Spannungsvektor $\vec{t}$ für die Schnittfläche am gewählten Punkt zu

$$\lim_{\Delta A \to 0} \frac{\Delta \vec{F}}{\Delta A} = \frac{d\vec{F}}{dA} = \vec{t}. \tag{2.1}$$

5

Der Spannungsvektor setzt sich aus einer Spannungskomponente normal zur Schnittfläche (Normalspannung) und einer Komponente in der Schnittebene (Schubspannung) zusammen. Die Normalspannung σ ist die Projektion des Spannungsvektors $\vec{t}$ auf den Normaleneinheitsvektor $\vec{n}$ der Schnittfläche und berechnet sich nach $\sigma = \vec{t} \bullet \vec{n}$. Gemäß des Satzes von Pythagoras ergibt sich die zur Normalspannung senkrecht verlaufende Schubspannung τ aus $\tau = \sqrt{|\vec{t}|^2 - \sigma^2}$.

Spannungstensor

Da sich die Schnittkräfte $\vec{F}$ mit der Orientierung der Schnittebene ändern, hängt der Spannungsvektor $\vec{t}$ vom Normaleneinheitsvektor $\vec{n}$ ab. Demzufolge gelingt die eindeutige Beschreibung des Spannungszustandes im Raum nur durch drei Spannungsvektoren für drei Schnittebenen, deren Normaleinheitsvektoren linear unabhängig sind. Die drei Schnitte durch den Punkt werden zweckmäßig senkrecht zu den kartesischen Koordinatenachsen durchgeführt. Die Spannungskomponenten σ_{ij} der drei Spannungsvektoren $\vec{t}_i$ erhalten zwei Indizes, wobei der erste Index (i) die Richtung des Normaleneinheitsvektors der Schnittebene und der zweite Index (j) die Richtung der Spannungskomponente angibt. Der Spannungstensor zweiter Ordnung $\underline{\sigma}$ setzt sich aus den transponierten Spannungsvektoren $\vec{t}_i$ zusammen, die zeilenweise untereinander geschrieben werden.

$$\underline{\sigma} = \sigma_{ij} = \begin{bmatrix} \sigma_{11} & \sigma_{12} & \sigma_{13} \\ \sigma_{21} & \sigma_{22} & \sigma_{23} \\ \sigma_{31} & \sigma_{32} & \sigma_{33} \end{bmatrix} \tag{2.2}$$

Entsprechend der Matrix 2.2 setzt sich der Spannungstensor aus neun Komponenten zusammen, wobei $\sigma_{11}, \sigma_{22}, \sigma_{33}$ Normalspannungen und $\sigma_{12}, \sigma_{13}, \sigma_{21}, \sigma_{31}, \sigma_{23}, \sigma_{32}$ Schubspannungen sind. Da der Spannungstensor den Spannungszustand für einen Punkt eindeutig beschreibt, lässt sich für jede beliebige Schnittebene um den Punkt der Spannungsvektor $\vec{t}_n$ bestimmen. Der Beweis soll mit Hilfe des infinitesimalen Tetraeders geführt werden, siehe Abbildung 2.1. Aus dem Kräftegleichgewicht am Tetraeder ergibt sich der Zusammenhang nach Gleichung 2.3.

$$\vec{t}_n \, dA_n = \vec{t}_1 \, dA_1 + \vec{t}_2 \, dA_2 + \vec{t}_3 \, dA_3 \tag{2.3}$$

Der Normalenvektor $\vec{n}$ der Schnittebene wird auf die Einheitsvektoren $\vec{e}_i$ mittels des Skalarproduktes $\vec{n}_i = \vec{n} \bullet \vec{e}_i$ projiziert, was sich ebenso für die Flächen dA_i nach $dA_i = dA_n \vec{n} \bullet \vec{e}_i$ übertragen lässt. Ein Einsetzen dieses funktionalen Zusammen-

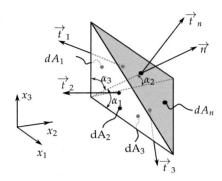

Abb. 2.1: Infinitesimal-Tetraeder mit den resultierenden Spannungsvektoren auf den Schnittflächen.

hangs in Gleichung 2.3 ergibt die Cauchysche Formel.

$$\vec{t}_{n_i} = \sum_{j=1}^{3} \sigma_{ji}\, n_j \quad oder \quad \vec{t}_{n_i} = \underline{\underline{\sigma}}^T \bullet \vec{n} \tag{2.4}$$

Die Formel nach Cauchy beweist, dass jeder Spannungsvektor durch die Abbildung des Spannungstensors auf den Normaleneinheitsvektor der Schnittebene berechnet werden kann.

Ein infinitesimales Volumenelement um einen Punkt mit einem beliebigen Spannungstensor muss sich in einem statischen Gleichgewicht befinden. Demzufolge ergibt sich aus dem Momentengleichgewicht die Symmetriebedingung ($\sigma_{ij} = \sigma_{ji}$), so dass die Schubspannungskomponenten paarweise gleich groß sind. Der Spannungstensor lässt sich in eine hydrostatische und eine deviatorische Komponente aufspalten, wobei der Spannungsdeviator die Gestaltänderung eines Körpers hervorruft und der hydrostatische Spannungszustand eine Volumenänderung bewirkt.

Hauptnormalspannungen

Um die Hauptnormalspannungen zu finden, werden die Schnittebenen gesucht, in denen die Richtung des Spannungsvektors mit der Normalenrichtung übereinstimmt. In diesem Fall wirken in den Schnittebenen keine Schubspannungen. Mathematisch sind die Hauptnormalspannungen die Eigenwerte des Spannungstensors. Zur Bestimmung ist das Eigenwertproblem zu lösen.

$$\begin{bmatrix} \sigma_{11} - \sigma & \sigma_{12} & \sigma_{13} \\ \sigma_{12} & \sigma_{22} - \sigma & \sigma_{23} \\ \sigma_{13} & \sigma_{23} & \sigma_{33} - \sigma \end{bmatrix} = \begin{bmatrix} 0 \\ 0 \\ 0 \end{bmatrix} \tag{2.5}$$

Die resultierenden Hauptnormalspannungen stellen Extremwerte des Spannungstensors dar und sind die kleinste Menge an Spannungskomponenten, mit Hilfe derer der Spannungszustand eindeutig beschrieben werden kann.

$$\begin{bmatrix} \sigma_1 & 0 & 0 \\ 0 & \sigma_2 & 0 \\ 0 & 0 & \sigma_3 \end{bmatrix} \tag{2.6}$$

Für die Verwendung in Festigkeitshypothesen werden die Hauptnormalspannungen nach ihrer Größe $\sigma_I \geq \sigma_{II} \geq \sigma_{III}$ geordnet, wobei typischerweise römische Indizes benutzt werden. Die Ebene größter Schubspannung entsteht, wenn der Normaleneinheitsvektor einen 45° Winkel zur ersten und zur dritten Achse der Hauptnormalspannungen aufweist [2]. Die maximale Schubspannung τ_{max} ergibt sich zu

$$\tau_{max} = \frac{\sigma_I - \sigma_{III}}{2}. \tag{2.7}$$

Dehnungs- bzw. Verzerrungszustand

Der Dehnungszustand für ein infinitesimales Würfelelement der Länge dx_i ergibt sich aus den Verschiebungen u_i und den Verzerrungen. Gleichermaßen wie beim Spannungszustand stellt sich ein Verzerrungsvektor für die jeweilige Schnittebene ein. Sind die Verzerrungskomponenten zum Normaleneinheitsvektor der Ebene gleichgerichtet, so werden diese als Dehnungen ϵ_{ii} bezeichnet. Befinden sich hingegen die Komponenten in der Schnittebene, werden diese als technische Gleitungen γ_{ij} bezeichnet. Die technischen Gleitungen γ_{ij} beschreiben eine Rotation bzw. Winkeländerung und die Dehnungen ϵ_{ii} eine Längenänderung des infinitesimalen Würfel- bzw. Flächenelementes, welche nach

$$\epsilon_{ii} = \frac{du_i}{dx_i} \quad und \quad \gamma_{ij} = \frac{du_i}{dx_j} + \frac{du_j}{dx_i} \, f\ddot{u}r \, j \neq i \tag{2.8}$$

zu berechnen sind [2]. Die Nebendiagonalelemente des Dehnungstensors ϵ_{ij} mit $j \neq i$ werden aus den technischen Gleitungen γ_{ij} sowie dem Faktor 0,5 berechnet und sind nach Definition paarweise symmetrisch. Somit ergibt sich der Dehnungstensor ϵ_{ij} zu

$$\epsilon_{ij} = \begin{bmatrix} \epsilon_{11} & \epsilon_{12} & \epsilon_{13} \\ \epsilon_{12} & \epsilon_{22} & \epsilon_{23} \\ \epsilon_{13} & \epsilon_{23} & \epsilon_{33} \end{bmatrix} = \begin{bmatrix} \epsilon_{11} & \frac{1}{2}\gamma_{12} & \frac{1}{2}\gamma_{13} \\ \frac{1}{2}\gamma_{12} & \epsilon_{22} & \frac{1}{2}\gamma_{23} \\ \frac{1}{2}\gamma_{13} & \frac{1}{2}\gamma_{23} & \epsilon_{33} \end{bmatrix}. \tag{2.9}$$

2.1.2 Elastizitäts- und Plastizitätstheorie

Die Spannungen und Dehnungen sind über das Material und die zugehörigen Werkstoffgesetze miteinander gekoppelt. Das Werkstoffgesetz ist im Allgemeinen von vielen Zustandsgrößen, wie Dehnung, Spannung, Dehnrate, Spannungsrate und Temperatur, abhängig. Das einfachste Werkstoffgesetz, mit dem die Spannung und Dehnung miteinander verknüpft werden können, ist das Elastizitätsgesetz nach Hooke. Mit dem Hookeschen Gesetz besteht eine eineindeutige Beziehung zwischen dem Spannungs- und Dehnungstensor ($\sigma_{ij}, \epsilon_{kl}$), welche zeitunabhängig ist und durch den Elastizitätstensor E_{ijkl} vierter Stufe beschrieben wird.

$$\sigma_{ij} = E_{ijkl}\, \epsilon_{kl} \tag{2.10}$$

Der Elastizitätstensor besteht aus 81 Komponenten und kann für den allgemeinen Fall durch Symmetrie des Dehnungs- und Spannungs- als auch des Elastizitätstensors selbst auf 21 unabhängige Komponenten reduziert werden. Für die Betrachtung eines isotropen Werkstoffes reduzieren sich die unabhängigen Elastizitätskonstanten auf 2. Das linear-elastische Materialverhalten ist allerdings nur bis zur Proportionalitätsgrenze, bei welcher das Fließen des Materials einsetzt, gültig [2].

Das Fließen des Werkstoffes bewirkt eine irreversible (plastische) Verformung. Das plastische Verhalten eines Materials soll mittels der Plastizitätstheorien in Abhängigkeit von den Zustandsgrößen abgebildet werden. Dabei ist vor allem das Verhalten der Träger der plastischen Verformung, entweder Versetzungen oder Zwillinge, von Interesse. Oberhalb von $0,4\,T_S$ (homologe Temperatur) sind darüber hinaus Platzwechselprozesse von Atomen (d.h. Diffusion) zu beachten.

Mit Plastizitätstheorien wird z. B. der Fließbeginn in Abhängigkeit vom Spannungszustand vorhergesagt. Ein weiteres Verhalten, welches abzubilden ist, ist das Verfestigungsverhalten, welches auf die Wechselwirkung von Versetzungen miteinander sowie mit anderen Gitterbaufehlern zurückzuführen ist. Sämtliche Gitterbaufehler bewirken eine Behinderung der Versetzungen, wodurch die erforderliche Schubspannung für die Versetzungsbewegung ansteigt. Eine Beschreibung gelingt anhand von Verfestigungsgesetzen, wobei in isotrope oder kinematische Verfestigung unterschieden wird. Bei hohen Temperaturen finden thermisch aktivierte Prozesse statt, welche z.B. die nicht konservative Bewegung von Versetzung, wie das Klettern, ermöglichen. Infolge des Kletterns können sich Versetzungen annihilieren, wodurch eine Entfestigung des Materials erfolgt. Weiterhin laufen diffusionskontrollierte Platzwechselprozesse ab, die eine gerichtete Umordnung der Atome bewirken [5].

Zweiachsig-ebene zyklische Beanspruchung – Begriffsklärung

Der zweiachsige ebene Spannungszustand ist ein Spezialfall der mehrachsigen Beanspruchung und tritt vor allem in dünnwandigen Blechstrukturen auf. Folglich entfallen die Spannungen in der Dickenrichtung, wodurch sich der Spannungstensor um die Komponenten σ_{13}, σ_{23} und σ_{33} reduziert.

$$\underline{\sigma} = \begin{bmatrix} \sigma_{11} & \sigma_{12} \\ \sigma_{21} & \sigma_{22} \end{bmatrix} \tag{2.11}$$

Eine zyklische Beanspruchung ist gekennzeichnet durch eine zeitabhängige wiederholende mechanische und thermische Belastung. Die Beanspruchungen können sowohl periodisch als auch regellos mit statistisch verteilten Schwingungsamplituden und variablen Mittelspannungen auftreten. Für die zweiachsige Prüfung unter Zug/Druck-Torsion besteht die Möglichkeit, dass sich die Hauptspannungsrichtungen und die Hauptspannungsbeträge zeitlich ändern. In der zweiachsig-ebenen Werkstoffprüfung sind hingegen die Hauptspannungsrichtungen unveränderlich. Die Definition der Proportionalität der zyklischen mehrachsigen Beanspruchung wird in dieser Arbeit nach Radaj getroffen [6]. Demnach besteht eine Proportionalität, wenn die Komponenten des Dehnungstensors ϵ_{ij} zueinander sowie zum Ausgangsdehnungstensor zu jeder Zeit proportional $\Phi(t)$ sind.

$$\epsilon_{ij}(t) = \Phi(t)\,\epsilon_{0ij} \tag{2.12}$$

Eine Nicht-Proportionalität liegt bereits vor, wenn das Mitteldehnungsverhältnis ungleich dem Dehnungsamplitudenverhältnis ist. Weiterhin ist in dieser Definition festgelegt, dass die Hauptdehnungsrichtungen während der gesamten Zeit unverändert bleiben. Demzufolge werden Versuche mit drehenden Hauptachsen als nicht-proportional klassifiziert. Eine weitere Unterscheidung beruht auf dem Phasenversatz zwischen Dehnungskomponenten. Sobald ein Phasenversatz vorliegt, wird die Beanspruchung ebenfalls als nicht-proportional bezeichnet.

2.1.3 Festigkeitshypothesen

In der Realität wirken auf beliebig geformte Bauteile diverse Kräfte mit unterschiedlichen Richtungen, welche eine mehrachsige Beanspruchung hervorrufen. In der Auslegung wird als Versagenskriterium für mehrachsige Spannungszustände die Materialanstrengung benutzt. Üblicherweise wird der Grenzwert der Materialanstrengung aus der einachsigen Beanspruchung gewonnen, da die Prüfung der mehrachsigen Beanspruchung aufwändig und umfangreich ist. Daher besteht die Anforderung, den mehrachsigen Spannungszustand auf den einachsigen zu übertragen.

Die Übertragungsfunktionen werden als Festigkeitshypothesen bezeichnet und berechnen aus dem mehrachsigen einen äquivalenten einachsigen Spannungszustand. Diese fiktive einachsige Spannung wird auch als Vergleichsspannung bezeichnet und dient dem Festigkeitsnachweis [1].

Im Laufe der Zeit wurden diverse Hypothesen entwickelt, welche in Abhängigkeit des Werkstoffverhaltens und der Beanspruchungsart Anwendung finden. Auf die wesentlichen Hypothesen (Normalspannungs-, Schubspannungs- und Gestaltänderungsenergiehypothese) wird im Folgenden eingegangen. Im Fall der mehrachsigen Ermüdung wird zur Lebensdauerabschätzung neben der Vergleichsspannungs- die Vergleichsdehnungshypothese herangezogen [6].

Normalspannungshypothese

Die Normalspannungshypothese stellt die älteste Festigkeitshypothese dar und geht auf Lamé und Rakine zurück. Die Gültigkeit der Hypothese beschränkt sich auf spröde Werkstoffe und ist davon gekennzeichnet, dass die größte Hauptnormalspannung σ_I das Versagen verursacht. Die Vergleichsspannung σ_V^{NH} bzw. Vergleichsspannungsamplitude $\sigma_{V_A}^{NH}$ für die Ermüdung ergibt sich damit zu

$$\sigma_V^{NH} = \sigma_{V_A}^{NH} = \sigma_{I_A}. \tag{2.13}$$

Das Versagen eines spröden Werkstoffes verläuft nach dieser Theorie normal zu der größten Hauptnormalspannung σ_I und tritt in Form eines reinen Trennbruchs auf [7].

Schubspannungshypothese

Für die Anwendung dieser Hypothese wird vorausgesetzt, dass sich ein Werkstoff vor dem Versagen stark plastisch verformen lässt. Die Theorie basiert auf der Bewegung von Versetzungen in der Gleitebene, wofür Schubspannungen erforderlich sind. Demzufolge ist die maximale Schubspannung maßgeblich für die Verformung und letztlich für das Versagen verantwortlich. Diese Annahme liegt bei der Schubspannungshypothese nach Tresca und de Saint-Vénant zu Grunde. Für den dreidimensionalen Spannungszustand wurde die Schubspannungshypothese durch Lévy erweitert [5]. Die maximale Schubspannung τ_{max} bzw. Vergleichsspannungsamplitude $\sigma_{V_A}^{SH}$ wird aus der größten σ_I und der kleinsten Hauptnormalspannung σ_{III} mit folgender Formel

$$\tau_{max} = \frac{\sigma_{V_A}^{SH}}{2} = \frac{\sigma_{I_A} - \sigma_{III_A}}{2} \tag{2.14}$$

berechnet. Wie bereits beschrieben, ist der Normaleneinheitsvektor der maximalen Schubspannungsebene mit einem Wickel von 45° zu den Hauptspannungsrichtungen I und III orientiert. Demzufolge bestehen zwei gleichwertige maximale Schubspannungsebenen, die zur Schädigung des Werkstoffes führen [2].

Ebenso hat Mohr auf der Schubspannungshypothese aufgebaut und die Fließbedingungen erweitert. Die Theorie nach Mohr besagt, dass die für Fließen oder Versagen erforderliche Schubspannung abhängig vom gesamten Spannungszustand $\tau = f(\underline{\sigma})$ ist. Die erweiterte Schubspannungshypothese nach Mohr wird vorwiegend als Bruchhypothese für spröde Materialien eingesetzt [5].

Gestaltänderungsenergiehypothese

Die Gestaltänderungsenergiehypothese geht ebenfalls, wie die Schubspannungshypothese, von der Schädigung des Werkstoffes durch plastische Verformung auf den Gleitebenen aus. Jedoch wird nicht nur die maximale Schubspannung betrachtet, sondern alle Komponenten des deviatorischen Spannungstensors. Der Spannungsdeviator ist für die Gestaltänderung eines Körpers verantwortlich. Von Mises nutzte die zweite Invariante des Spannungsdeviators und setzte diese einem Grenzwert für das Fließen gleich. Im Weiteren wurde durch Theorien von Maxwell, Henky und Huber eine Gestaltänderungsenergie eingeführt, welche den Grenzwert für das einsetzende Fließen darstellt. Die Vergleichsspannung bzw. Vergleichsspannungsamplitude $\sigma_{V_A}^{GEH}$ ergibt sich damit nach

$$\sigma_V^{GEH} = \sigma_{V_A}^{GEH} = \sqrt{\frac{1}{2}\left(\sigma_{1_A} - \sigma_{2_A}\right)^2 + \left(\sigma_{2_A} - \sigma_{3_A}\right)^2 + \left(\sigma_{3_A} - \sigma_{1_A}\right)^2}. \qquad (2.15)$$

Die Gestaltänderungsenergiehypothese nach von Mises, Maxwell, Henky und Huber hat sich für duktile Werkstoffe sowohl bei statischer als auch proportionaler zyklischer mehrachsiger Beanspruchung als geeignet erwiesen.

Für nicht-proportionale Beanspruchung mit Phasenversatz hingegen (siehe Seite 10) ist die Gestaltänderungsenergiehypothese nach dieser Interpretation unbrauchbar, da die richtungsbehafteten Einzelspannungen als Betrag in die Berechnung der Vergleichsspannung eingehen [8]. Abhilfe schafft die Interpretation der von Mises-Fließbedingung nach Nadai [3, 9] in der Oktaederschubspannungsebene. Die Oktaederebene wird durch die Schnittpunkte mit 1 für die drei Hauptnormalspannungen, wie in Abbildung 2.2 dargestellt, aufgespannt. Somit ist der Normalenvektor der Schubspannungsebene richtungsgleich mit der hydrostatischen Achse. Im Falle phasengleicher Beanspruchung bleibt die Richtung des Schubspannungsvektors in der Oktaederschubspannungsebene konstant, und es ergibt sich folgende

Gleichung für die Vergleichsspannung τ^{OS}:

$$\tau_A^{OS} = \sqrt{\frac{1}{9}(\sigma_{1_A} - \sigma_{2_A})^2 + (\sigma_{2_A} - \sigma_{3_A})^2 + (\sigma_{3_A} - \sigma_{1_A})^2}. \qquad (2.16)$$

Die Richtung β_{okt} der Oktaederschubspannung bezogen auf die dritte Hauptachse ergibt sich zu:

$$\beta_{okt} = arctan\left(\sqrt{3}\,\frac{\sigma_1 - \sigma_2}{\sigma_1 + \sigma_2 - 2\sigma_3}\right). \qquad (2.17)$$

Die Bewertung von Beanspruchungen mit Phasenversatz basiert auf der Betrachtung der Bahnkurven, welche die Oktaederschubspannungsrichtung während des Versuches beschreiben. Dabei ist darauf zu achten, dass die Hauptnormalspannungen nicht geordnet, sondern nach ihrer Lage im Koordinatensystem genutzt werden. Da in dieser Arbeit der Fokus nicht auf Beanspruchungen mit Phasenversatz liegt, wird auf die Arbeiten von Issler [8] und Nadai [3] verwiesen.

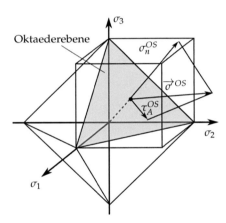

Abb. 2.2: Oktaederebene im Hauptspannungsraum mit den resultierenden Oktaederschub- und Oktaedernormalspannungen.

Die Theorie nach Novozhilov geht ebenfalls von der Fließbedingung nach von Mises aus und nimmt an, dass die Schubspannungen in allen Schnittebenen zur Schädigung beitragen. Sämtliche Schnittebenen für das Volumenelement bilden eine Kugel ab, wobei sämtliche wirkenden Schubspannungen tangential zur Kugeloberfläche verlaufen, siehe Abbildung 2.3. Die Vergleichsspannung der Spannungsintensität nach Novozhilov beträgt

$$\tau_A^{SI} = \sqrt{\frac{1}{15}(\sigma_{1_A} - \sigma_{2_A})^2 + (\sigma_{2_A} - \sigma_{3_A})^2 + (\sigma_{3_A} - \sigma_{1_A})^2}. \qquad (2.18)$$

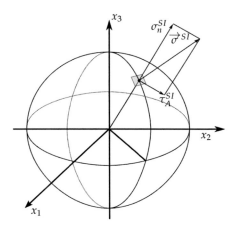

Abb. 2.3: Spannungsintensität nach Novozhilov mit einer exemplarischen Schubspannungsebene, auf welcher die Schub- und Normalspannung wirkt.

Aus dem Vergleich mit der Vergleichsspannung nach von Mises $\sigma_{V_A}^{GEH}$ nach Gleichung 2.15 wird deutlich, dass die Hypothesen denselben funktionalen Zusammenhang besitzen und ausschließlich der Proportionalitätsfaktor unterschiedlich ist [10]. Nach Lüpfert [10] sind für diesen Faktor die unterschiedlichen Schnittebenen verantwortlich.

Vergleichsdehnungshypothese

Auf Grundlage der Vergleichsspannungshypothese kann die Vergleichsdehnungshypothese aufgestellt werden. Da die Festigkeitshypothesen die Fließ- bzw. Bruchbedingung darstellen, wird das Werkstoffverhalten bis zum Erreichen dieser Grenze mit der Elastizitätstheorie beschrieben. Demzufolge sind die Spannung und Dehnung nach dem Hookeschen Gesetz verknüpft, wodurch sich die Vergleichsdehnung mit

$$\epsilon_V^{GEH} = \frac{\sigma_V^{GEH}}{E} \tag{2.19}$$

nach dem einachsigen Spannungszustand berechnen lässt. Die anderen Spannungskomponenten ($\sigma_I, \sigma_{II}, \sigma_{III}$) in den Festigkeitshypothesen lassen sich durch das Hookesche Gesetz für den dreiachsigen Spannungszustand entsprechend

$$\sigma_i = \frac{E}{1+\nu}\left(\epsilon_i + \frac{\nu(\epsilon_1 + \epsilon_2 + \epsilon_3)}{1 - 2\nu}\right) \quad i = 1, 2, 3 \tag{2.20}$$

ersetzen. Nach Einsetzen der Gleichungen 2.19 und 2.20 in die Gestaltänderungsenergiehypothese nach von Mises in Gleichung 2.15 ergibt sich die Vergleichsdehnung

ϵ_V^{GEH} zu

$$\epsilon_V^{GEH} = \frac{1}{1+v} \sqrt{\frac{1}{2}(\epsilon_1 - \epsilon_2)^2 + (\epsilon_2 - \epsilon_3)^2 + (\epsilon_3 - \epsilon_1)^2}. \tag{2.21}$$

Für den zweiachsigen Beanspruchungsfall (siehe Seite 10) ist $\sigma_3 = 0$. Dies führt zu einer Dehnung in Dickenrichtung ϵ_3 von

$$\epsilon_3 = \frac{v(\epsilon_1 + \epsilon_2)}{1-v}. \tag{2.22}$$

Durch Einsetzen der Gleichung 2.22 in 2.21 gilt folgende Gleichung als Vergleichsdehnung für den ebenen Spannungszustand (ESZ):

$$\epsilon_V^{GEH} = \frac{1}{1-v^2} \sqrt{(1 + v^2 - v)(\epsilon_1^2 + \epsilon_2^2) - (1 + v^2 - 4v)\epsilon_1 \epsilon_2} \tag{2.23}$$

Für proportionale zweiachsige Beanspruchungen ist es sinnvoll, die Gleichung entsprechend Sonsino und Grubisic [11] umzustellen und für ϵ_2/ϵ_1 den Proportionalitätsfaktor $\Phi(t)$ nach Gleichung 2.12 einzusetzen.

$$\epsilon_V^{GEH} = \frac{\epsilon_1}{1-v^2} \sqrt{(1 + v^2 - v)(1 + \Phi(t)^2) - \Phi(t)(1 + v^2 - 4v)} \tag{2.24}$$

Da die zyklische Beanspruchung sowohl elastische als auch plastische Verformung verursacht, ist die Berechnung der Vergleichsdehnung auf Basis der elastischen Querkontraktion v_{el} von 0,3 für metallische Werkstoffe ungenau. Gleiches gilt für die plastische Querkontraktion v_{pl}, welche sich aus der Volumenkonstanz für die logarithmische Formänderung ($\epsilon_1 + \epsilon_2 + \epsilon_3 = 0$) zu 0,5 ergibt. Deswegen wurde von Gonyea [12] eine effektive Querkontraktionszahl v_{eff} eingeführt, welche sich aus dem Sekantenmodul E_S der zyklischen Spannungs-Dehnungs-Kurve errechnet.

$$v_{eff} = v_{pl} - (v_{pl} - v_{el})\frac{E_S}{E} \tag{2.25}$$

Bannantine et al. [13] hat eine weitere effektive Querkontraktionszahl definiert, welche über eine Mischungsregel für den elastischen und plastischen Anteil berechnet wird.

$$v_{eff} = \frac{v_{el}\,\epsilon_{el} + v_{pl}\,\epsilon_{pl}}{\epsilon_{el} + \epsilon_{pl}} \tag{2.26}$$

Die Erweiterung für den zweiachsig-ebenen (biaxial-planaren) Belastungsfall betrachtet die elastischen und plastischen Anteile jeder Hauptnormaldehnung einzeln, da diese für eine universelle Beschreibung als unterschiedlich anzusehen sind.

$$\nu_{eff} = \frac{\nu_{el} \left(\left|\epsilon_{1_{el}}\right| + \left|\epsilon_{2_{el}}\right|\right) + \nu_{pl} \left(\left|\epsilon_{1_{pl}}\right| + \left|\epsilon_{2_{pl}}\right|\right)}{\left|\epsilon_{1_{el}}\right| + \left|\epsilon_{2_{el}}\right| + \left|\epsilon_{1_{pl}}\right| + \left|\epsilon_{2_{pl}}\right|} \tag{2.27}$$

In dieser Arbeit wird die Vergleichsdehnungshypothese nach Gleichung 2.24 mit der effektiven Querkontraktionszahl, siehe Gleichung 2.27, benutzt. Die elastischen und plastischen Anteile in beiden Achsen werden mit dem sogenannten Teilentlastungsverfahren bestimmt, welches im Abschnitt 2.4 näher erklärt wird.

Die Vergleichsdehnung in dehnungsgeregelten zyklischen Einstufenversuchen ist nicht über die gesamte Versuchsdauer konstant, sondern variiert aufgrund von zyklischer Ver- und Entfestigung konform zum elastischen und plastischen Dehnungsanteil. Deswegen wird die versuchsspezifische Vergleichsdehnung bei der halben Lebensdauer bestimmt.

Hypothesen zur Lebensdauerabschätzung unter mehrachsiger Beanspruchung

Die Lebensdauerabschätzung mit der Vergleichsdehnungshypothese gelingt für proportionale zweiachsige Beanspruchungen. Allerdings ist die Lebensdauerbewertung häufig konservativ, so dass die real vorliegenden Sicherheitsreserven nicht ausgenutzt werden können. Insbesondere die höheren Lebensdauern unter reiner Schubbzw. Scherbeanspruchung lassen sich vielmals unzureichend beschreiben. Die Abweichungen in der Lebensdauervorhersage nehmen mit kleineren Dehnungsamplituden zu [6, 14–16].

Im Allgemeinen lassen sich die Hypothesen für den proportionalen Lastfall nicht auf phasenverschobene und nicht-proportionale Beanspruchung übertragen. Da einige Belastungsfälle nicht konservativ bewertet werden, wurden weitere Hypothesen entwickelt, welche eine zuverlässige Lebensdauerabschätzung ermöglichen. Die bekannteste ist die kritische Ebene, welche auf Findley [17, 18] und auf die Modellvorstellung der Oktaederschubspannungsebene von Nadai [4] zurückgeht. Nach Findley geht Schädigung von der kritischen Schubspannungsebene aus, wobei der Normalspannungseinfluss linear kombiniert wird [18]. Basierend auf dieser Annahme wurden zahlreiche Erweiterungen vorgeschlagen [19, 20]. Allerdings haben sich die spannungsbasierten Hypothesen nur für die hochzyklische Ermüdung als geeignet erwiesen. Deswegen wurde von Brown und Miller [21] in Analogie zu Findley [17] eine dehnungsbasierte Hypothese vorgestellt, welche von Socie und Shield [22], Fatemi und Kurath [23] sowie Shamsaei et al. [24] erweitert wurde. Auf Basis der Hypothese der kritischen Ebene nach Findley sowie Brown und Miller wurden viele Modifikationen vorgeschlagen, welche in einschlägiger Literatur [19, 20, 25, 26] zusammenfassend dargestellt werden. Die Vorgehensweise bei der Berechnung der kritischen Ebene ist in Karolczuk und Macha [26] zu finden. Neben der kritischen Ebene hat sich die Hypothese der integralen Anstrengung etabliert. Theoretische Grundlage stellt die Spannungsintensität nach Novozhilov dar. Bei dieser Theorie geht von jeder Schnittebene und deren zugehöriger Schubspannung bzw. -dehnung eine Schädigung aus, welche über das Volumenelement aufintegriert wird [19, 20, 26, 27]. Eingeführt wurde diese Hypothese von Grubisic und Simbürger [11, 28, 29]. Eine Gegenüberstellung der Hypothesen ist in Troost et al. [30] zu finden. Allerdings sind die Abweichungen zwischen den Hypothesen gering.

2.1.4 Schädigung bei mehrachsiger Hochtemperaturermüdung

Grundsätzlich geht die Schädigung in duktilen Werkstoffen von der irreversiblen (plastischen) Verformung aus. Wie bereits in Abschnitt 2.1.2 erwähnt, sind die Träger der plastischen Verformung die Versetzungen und Zwillinge. In Werkstoffen mit kubisch flächen- bzw. raumzentrierter Kristallstruktur beruht die plastische Formänderung auf der Erzeugung und Bewegung von Versetzungen, da ausreichend unabhängige Gleitsysteme (> 5 für polykristalline Werkstoffe) nach von Mises vorliegen. Die metallkundlichen Grundlagen über die Versetzungsbildung und -bewegung werden in dieser Arbeit vorausgesetzt und können im Detail z.B. in einschlägiger Fachliteratur [31–33] nachgelesen werden. Die Rissinitiierung von Werkstoffen resultiert aus lokalen plastischen Deformationen an Spannungsüberhöhungen. Spannungssingularitäten innerhalb des Materials werden durch Kristallbaufehler verursacht, wobei die Fehler nach ihrer Dimension (Dim.) eingeteilt werden [31]:

O-Dim. Punktdefekte, z.B. Leerstellen, Fremd- und Zwischengitteratome

1-Dim. Liniendefekte, z.B. Versetzungen und Ketten von Punktdefekten

2-Dim. Flächendefekte, z.B. Stapelfehler, Antiphasengrenze, Korngrenze und Subkorngrenze (Kleinwinkelkorngrenze)

3-Dim. Volumendefekte, z.B. Ausscheidungen, Einschlüsse und Mikroporen

Je größer die Dimension der Fehler wird, desto gravierender ist der Einfluss auf die Schädigung bei der Ermüdung. Die materialinhärenten Kristallbaufehler lösen selten das Versagen aus. In der Regel findet die Rissinitiierung an der Oberfläche statt [34]. Verantwortlich für die Rissinitiierung an der Oberfläche sind Versetzungen, welche auf ihrer Gleitebene die Oberfläche verlassen und eine Gleitstufe erzeugen. Bei Lastumkehr findet die Rückplastifizierung auf einer anderen parallelen Gleitebene statt, so dass eine Intrusion oder Extrusion zurückbleibt. Mit weiteren Zyklen vergrößert sich diese Intrusion und Extrusion. Selbst eine reversible Bewegung der Versetzung würde aufgrund der starken Oxidation bei hohen Temperaturen kein Ausheilen bewirken, sondern zu einem Anriss führen [35, 36]. In welchen Körnern die Rissinitiierung auftritt, hängt von der Kornorientierung zur Belastungsrichtung ab und wird mit dem Schmid'schen Schubspannungsgesetz bestimmt. Entsprechend dem Schmidfaktor bildet sich die maximale Schubspannung, siehe Gleichung 2.7, für die Versetzungsbewegung unter 45° aus. Demzufolge wird die Rissinitiierung in einem Korn stattfinden, bei dem sowohl die Gleitebene als auch Gleitrichtung 45° zur Belastungsrichtung liegen [31]. Der Rissinitiierung folgt das Kurzrisswachstum entlang der Gleitebene, und erst mit der Ausrichtung des Risses 90° zur Belastungsrichtung wird von einem Langrisswachstum gesprochen [34]. Bei Raumtemperatur ist das typische Erscheinungsbild ein transkristalliner Bruch, siehe Abbildung 2.4. Erhöhte Temperaturen über $0{,}4\,T_S$ können bei diffusionskontrollierten Prozessen, wie Erholung, Kornvergröberung, Teilchenvergröberung, Ausscheidung weiterer Phasen, Rekristallisation, Hochtemperaturkorrosion und Kriechen, die Ermüdung beeinflussen. Auf diese Prozesse wird nicht im Einzelnen eingegangen. Für eine detaillierte Darstellung wird auf Bürgel [37] verwiesen. Wie bereits beschrieben, kann die Hochtemperaturkorrosion (Oxidation) die Rissinitiierung an den Gleitstufen forcieren. Daher bildet sich der Anriss ebenso im Winkel von 45° zur Belastungsrichtung aus. Allerdings tritt für das Langrisswachstum ein Mechanismenwechsel von transkristallinem zu interkristallinem Versagen auf. Die Ursache für dieses Verhalten ist auf die hohe Diffusionsgeschwindigkeit entlang der Korngrenze zurückzuführen, wodurch sowohl Leerstellen (Kriechen) als auch Sauerstoffatome (Oxidation) eingebaut werden [36, 38–41]. Die einhergehende Reduktion der Korngrenzenfestigkeit führt zum kontinuierlichen Aufbrechen an der Korngrenze [42], siehe Abbildung 2.4.

Der Rissinitiierungsmechanismus ist für die mehrachsige Beanspruchung identisch [43]. Allerdings kann der Spannungszustand in einem weiten Bereich variiert werden, so dass sich die Lage des Anrissortes und die Risswachstumsrichtung zu den Hauptspannungsrichtungen verändern. Auf die Versetzungsentstehung und -bewegung hat der Spannungszustand keinen signifikanten Einfluss, da hierfür ausschließlich Schubspannungen in der Gleitebene verantwortlich sind, welche durch den deviatorischen Anteil des Spannungstensors und die Gestaltänderungsenergiehypothese repräsentiert werden. Der hydrostatische Anteil des Spannungstensors kann hingegen den mittleren Abstand zwischen den Atomen minimal verändern. Demzufolge verschieben sich auch die Atomrümpfe auf der Gleitebene, womit eine Änderung der Peierls-Spannung einhergeht [44].

Die Orientierung der Rissinitiierung und des Risswachstums soll im Folgenden anhand von Ergebnissen für die biaxial-planare Prüfung an kreuzförmigen Proben beschrieben werden. Die erste systematische Untersuchung der Rissorientierung wurde von Parsons und Pascoe [45] für fünf Belastungsfälle an einer kreuzförmigen Probe mit den proportionalen Dehnungsverhältnissen von $\Phi = -1$; -0,5; 0; 0,5 und 1

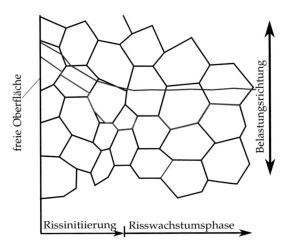

Abb. 2.4: Rissverlauf bei tiefen (blaue Linie) und hohen (rote Linie) Temperaturen in Abhängigkeit von der Rissinitiierung- und der Risswachstumsphase.

durchgeführt. Nach Parsons und Pascoe [45–47] findet für alle Dehnungsverhältnisse, Dehnungsamplituden und die beiden betrachteten Werkstoffe (AISI 304, niedriglegierter Stahl QT 35) die Rissinitiierung durch Gleitstufen an der Oberfläche statt. Das Risswachstum war für sämtliche Versuche transgranular, wobei sich die Risswachstumsrichtung senkrecht zur größten Hauptnormalspannung einstellte. Eine Ausnahme stellte die reine Scherbeanspruchung $\Phi = -1$ dar, bei der sich das Risswachstum auf der Ebene der maximalen Scherung fortsetzte. Das Risswachstum in die Materialdicke war für Dehnungsverhältnisse $\Phi = -1$; -0,5; 0,5 und 1 parallel zur Normalenrichtung der Oberfläche. Nur die Versuche mit $\Phi = 0$ hatten ein Dickenrisswachstum unter 45° zur Oberfläche. Die Erklärung für dieses Verhalten ist, dass die Materialdickenebene unter einer Scherbeanspruchung steht.

Die Rissorientierungen wurden ebenso durch biaxial-planare Hochtemperaturermüdungsversuche untersucht. Itoh et al. [48] haben die gleichen Dehnungsverhältnisse $\Phi = -1$; -0,5 ; 0; 0,5 und 1 an einem SUS304 bei 650 °C und an einem 1Cr-1Mo-0,25V-Stahl bei 550 °C geprüft. Für jeden dieser Lastfälle bestimmten sie die maximale Scher- und Normaldehnungsebene, so dass das Versagen werkstoff- und beanspruchungsabhängig eingeordnet werden konnte. Grundsätzlich war der makroskopische Riss für Belastungen mit $\Phi = -0,5$; 0; 0,5 und 1 zu 0° oder 90° zu den Belastungsachsen ausgerichtet. Für $\Phi = -1$ fand das Risswachstum unter 45° zu den Belastungsachsen in der maximalen Scherdehnungsebene statt. Die Rissinitiierung erfolgte an der Oberfläche, wobei das Risswachstum in die Materialdicke vom

19

Dehnungszustand abhängig war. Die Belastungsfälle zwischen $-0,5 \leq \Phi \leq 0,5$ sind scherdehnungskontrolliert und das Risswachstum unter $90°$ orientiert, wodurch sich gleichzeitig die Risswachstumsebene dreht.

Die wesentlichen Erscheinungsformen der Rissinitiierung und des Risswachstums für den biaxial-planaren Beanspruchungsfall lassen sich mit dem Modell nach Brown und Miller [21, 49] erklären. In diesem Modell wird in Abhängigkeit vom biaxialen Lastfall die maximale Scherdehnungsebene für die Rissinitiierung eingezeichnet. Das Risswachstum richtet sich vor allem nach den Normaldehnungen und folgt der Ebene maximaler Hauptnormaldehnung. Itoh et al. [48] haben das Modell von Brown und Miller verwendet und gezeigt, dass das Risswachstum bei hohen Temperaturen bei den Belastungsfällen $-0,5 \leq \Phi \leq 0,5$ ebenso in der maximalen Scherdehnungsebene ablaufen kann. Als Resultat aus der Rissinitiierung und dem Risswachstum haben Brown und Miller [49] die wahrscheinlichste Rissorientierung für den jeweiligen Belastungsfall auf der Oberfläche angegeben. In Abbildung 2.5 ist das Modell nach Brown und Miller [49] dargestellt.

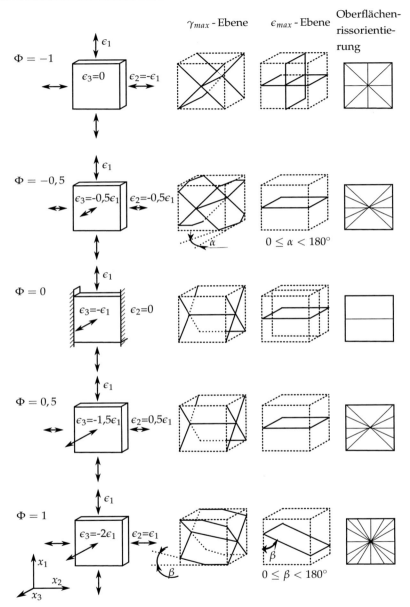

Abb. 2.5: Risswachstumsebenen nach der maximalen Normaldehnung ϵ_{max} und Scherung γ_{max} für verschiedene proportionale Belastungsfälle mit der resultierenden Oberflächenrissorientierung nach Brown und Miller [49] sowie Itoh et al. [48].

2.2 Beanspruchungsanalyse von Turbinenschaufeln und Turbinenscheiben

Gasturbinen können den thermischen Fluidenergiemaschinen zugeordnet werden, welche die stoffgebundene und kinetische Energie eines Gases in eine technische Arbeit umwandelt. Eingesetzt werden Gasturbinen sowohl im stationären Bereich für den Antrieb von Generatoren, Prozessverdichtern oder Pumpen als auch im mobilen Bereich, worunter die Gasturbinen-Flugtriebwerke als Hauptanwendung zählen. Die Prozessführung der Gasturbine ist überwiegend offen, wobei die Umgebungsluft angesaugt und im Verdichter komprimiert wird. Ein Teil der Luft wird während und nach der Verdichtung entnommen, um Bauteile im Heißgaspfad der Gasturbine zu kühlen. Der Hauptanteil der komprimierten Luft wird in die Brennkammer geleitet und dient als Verbrennungsluft. Im Fall der stationären Gasturbine werden in der Regel gasförmige Brennstoffe wie Erdgas verwendet. Hingegen kommen bei Gasturbinen-Flugtriebwerken flüssige Brennstoffe wie Kerosin zum Einsatz. Im Zuge der Energieübertragung bzw. Umwandlung innerhalb der Stufen der Gasturbine nimmt der Druck und die Temperatur in der Turbine durch die Expansion des Gases ab. Mit der gewonnen Rotationsenergie aus der Turbine wird der Verdichter angetrieben. Die überschüssige Leistung ist bei Gasturbinen mit Nutzleistungsabgabe als Antriebsleistung verfügbar. In Gasturbinen-Flugtriebwerken wird ein Teil der Fluidenergie des Gasturbinenprozesses mittels Bypassluft und dem Turbinenabgas in den Schubdüsen in kinetische Energie umgewandelt [50–52]. Der Aufbau eines Gasturbinen-Flugtriebwerks ist in Abbildung 2.6 dargestellt.

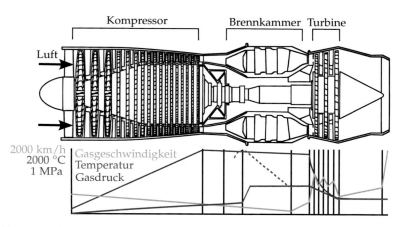

Abb. 2.6: Aufbau einer Gasturbine sowie Gasdruck-, Gasgeschwindigkeits- und Temperaturverlauf innerhalb einer Turbine nach [51].

Im Zuge des Betriebs sind Turbinenbauteile hohen Temperaturen und Drücken ausgesetzt und stellen die am höchsten beanspruchten Komponenten einer Gasturbine dar, siehe Abbildung 2.6. Diese hohen mechanischen, thermischen und korrosiven Anforderungen können insbesondere von Nickelbasis-Superlegierungen ertragen werden, die vor allem in Turbinenschaufeln und -scheiben eingesetzt werden. Im Folgenden wird die grundlegende Beanspruchungsanalyse von Turbinenschaufeln und -scheiben mit den wesentlichen Versagensmechanismen und -ursachen dargestellt.

2.2.1 Turbinenschaufel

Das Heißgas aus der Verbrennung strömt an der Turbinenschaufel vorbei und erzeugt eine Rotation. Die Verbrennungsgase, welche die Verunreinigungen Schwefel, Natrium, Chlor, Vanadium und Blei enthalten, haben Temperaturen von über 1000 °C und treffen direkt auf die Turbinenschaufel [37, 53–55]. Damit ist die Schaufel den höchsten Temperaturen in der Turbine ausgesetzt und befindet sich in einer korrosiven Atmosphäre. Zum Schutz gegen die Heißgaskorrosion werden die Bauteile im Heißgaspfad mit Schutzschichten versehen. Die Turbinenschaufeln sind in nichtrotierende Leitschaufeln und rotierende Laufschaufeln zu unterteilen. Im Fall der rotierenden Laufschaufel bewirkt die Rotation Zentripetalkräfte, welche entlang der Schaufelachse zum Schaufelfuß zunehmen und mit der Rotationsgeschwindigkeit linear korrelieren [56]. Diese Kräfte erzeugen einen mehrachsigen Spannungszustand und werden im Auslegungsprozess als nahezu statisch angenommen. Eine zyklische Beanspruchung der sowohl der Leit- als auch Laufschaufeln wird von den wechselnden Gasdrücken und Gasgeschwindigkeiten verursacht, die sowohl eine Biegung als auch eine Torsion bewirken. Des Weiteren führen instationäre Strömungs- und Druckbedingungen an der Vorder- und Rückseite der Schaufel zu Vibrationen [54, 57]. Die mechanischen Belastungen, welche in Abbildung 2.7a dargestellt sind, werden mit thermischen Belastungen überlagert. Den entscheidenden Einfluss hat die Temperatur der Schaufel, welche maßgeblich die Beanspruchbarkeit des Materials festlegt und sich aus der Temperatur des Gases sowie der Kühlung der Schaufel ergibt. Infolge der unterschiedlichen Temperaturen auf der Innen- und Außenseite innengekühlter Turbinenschaufeln stellen sich Temperaturgradienten ein, welche thermische Spannungen im Material induzieren [58]. Im Zuge von An- und Abschaltvorgängen sowie Leistungsänderungen im Betrieb resultieren für die Turbinenschaufeln Temperaturänderungen bzw. Temperaturzyklen.

Die Überlagerung des mechanischen und thermischen Beanspruchungszyklus, während der An- und Abschaltvorgängen unterscheidet sich Lokal innerhalb einer Turbinenschaufel, wobei eine Phasenverschiebung zwischen dem mechanischen und thermischen Zyklus auftreten kann. Im Fall des Anfahrens einer innengekühlten Turbinenlaufschaufel werden die Oberflächen zum Heißgas bzw. Bereiche nah des Heißgases mit einen Phasenversatz von 180° zwischen dem mechanischen und thermischen Zyklus beansprucht, welcher als thermo-mechanischer Out-Of-Phase-Belastungsfall (OP) bezeichnet wird. Hingegen besteht in Bereichen nah der Kühlluft bzw. für die Oberflächen3 zur Kühlluft kein Phasenversatz zwischen dem mechanischen und thermischen Zyklus, sodass dieser als thermo-mechanischer In-Phase-Belastungsfall (IP) bezeichnet wird [59, 60].

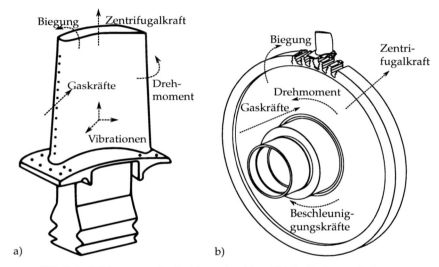

Abb. 2.7: a) Belastungen der Turbinenschaufel und b) der Turbinenscheibe.

In der Vergangenheit ging das Versagen einer Turbinenschaufel maßgeblich vom Kriechen aus, da sich die Gasturbine ständig im stationären Betrieb befand und nur selten an- und abgefahren wurde. Heutzutage werden die Gasturbinen aufgrund der erneuerbaren Energien und dem daraus resultierenden Energiemix je nach Energiebedarf an- und abgeschaltet, sodass die niederzyklische Ermüdung (LCF – low cycle fatigue) bzw. thermo-mechanische Ermüdung das Versagen einer Turbinenschaufel dominiert. Die entscheidenden Beanspruchungen für das Kriechen sind die Zentripetalkräfte, Biegung und Torsion durch die Gaskräfte bei hoher Temperatur sowie die Spannungen aus den Temperaturgradienten [58]. Im Fall des LCF-Versagens sind die Temperaturzyklen aus den An- und Abschaltvorgängen sowie die überlagerten Beanspruchungszyklen aus den Fliehkräften, Gaskräften und den thermisch induzierten Spannungen entscheidend. Die Überlagerung von thermischen und mechanischen Zyklen wird als thermo-mechanische Ermüdung (TMF – thermo mechanical fatigue) bezeichnet. Auf beide Versagensursachen wirkt die Heißgaskorrosion beschleunigend, da der tragende Querschnitt kontinuierlich abnimmt [53, 54]. In seltenen Fällen führt die Vibrationsbelastung zur hochzyklischen Ermüdung (HCF – high cycle fatigue) [53, 61, 62].

2.2.2 Turbinenscheibe

Die Turbinenscheibe überträgt die Rotationsbewegung von der Schaufel auf die Welle. Dafür wird der Schaufelfuß, welcher typischerweise eine Tannenform hat, in die Turbinenscheibe gesteckt. Die resultierenden Scheibentemperaturen liegen im Bereich von 300 °C bis 650 °C [63, 64] für die zivile Luftfahrt und bis 815 °C beim Militär [65, 66], so dass die Heißgaskorrosion nicht signifikant für das Versagen ist [64, 67, 68]. Die Cr_3O_2-Schicht auf der Oberfläche schützt den Werkstoff ausreichend [54]. Die mechanische Beanspruchung, siehe Abbildung 2.7b, besteht aus der Zentripetalkraft, dem Gasdruck, der Beschleunigungskraft (Gewicht) und dem Drehmoment, wobei die letzten drei Beanspruchungen sowohl statisch als auch zyklisch auftreten. Das Zyklieren der Belastungen resultiert aus der schwankenden Leistungsabfrage bzw. Rotationsgeschwindigkeit, wobei die Beanspruchungen sowie die Temperatur nahezu direkt mit der Rotationsgeschwindigkeit der Scheibe korrelieren [54, 64, 67]. Ebenso wie bei der Turbinenschaufel überlagern sich die thermisch induzierten Spannungen mit den mechanischen Beanspruchungen. Die unterschiedliche Temperaturverteilung innerhalb der Turbinenscheibe führt zu thermischen Spannungen zwischen den Bereichen, welche im Betriebszustand als nahezu konstant und somit als statisch angenommen werden können [54, 58, 64, 67, 69]. Die maximalen thermisch induzierten Spannungen entstehen im Bauteil während der An- und Abschaltvorgänge aufgrund der höheren Temperaturgradienten. Demzufolge haben die thermischen Zyklen einen entscheidenden Einfluss auf das Versagen. In linear-elastischen Rechnungen von Edmunds und Lawrence [64] sowie Hessler und Domes [69] sind die thermisch induzierten Spannungen größer als die mechanischen Beanspruchungen.

Aus der Analyse wird deutlich, dass das Versagen von der zyklischen Beanspruchung dominiert wird. Das Kriechen ist aufgrund der Temperaturen ≤ 600 °C nur sehr langsam und führt nur sehr selten zum Versagen der Turbinenscheibe. Stattdessen sind meistens die thermisch induzierten Spannungen mit den überlagerten mechanischen Spannungen versagensrelevant [54, 68], wodurch eine TMF-Beanspruchung vorliegt. Ein Zyklus ergibt sich aus dem An- und Abschaltvorgang bzw. aus den Starts und Landungen bei einer Flugturbine.

Zusammenfassend kann aus der Beanspruchungsanalyse für die Turbinenschaufel und -scheibe festgestellt werden, dass die Bauteile hohen Temperaturen sowie mehrachsigen mechanischen und thermischen Beanspruchungen ausgesetzt sind. Die zyklische (LCF und TMF) Belastung stellt für beide Komponenten eine versagensrelevante Beanspruchung dar. Daher sind für die sichere Auslegung von Turbinenschaufel und -scheibe Kennwerte aus mehrachsigen Hochtemperaturermüdungsversuchen (LCF) und thermo-mechanischen Ermüdungsversuchen (TMF) erforderlich.

2.3 Biaxiale Hochtemperaturermüdung

Die biaxiale Werkstoffprüfung ist ein Spezialfall der mehrachsigen Beanspruchung und stellt einen Stützpunkt in der Übertragungskette von der einachsigen Prüfung zur Bauteilprüfung dar. Auf der Basis biaxialer Kennwerte können Vergleichs- und Versagenshypothesen überprüft und entwickelt werden, um ein Bauteil sicher auszulegen. Demzufolge wird die Diskrepanz von realer mehrachsiger Beanspruchung zur einachsigen Werkstoffprüfung durch biaxiale Versuche reduziert.

In der Ermüdungsprüfung haben sich zwei Möglichkeiten der biaxialen Prüfung etabliert. Die Zug/Druck-Torsions-Prüfung ist die überwiegend verwendete Variante, welche von Yokobori [16] eingeführt wurde. Die zweite Variante ist die biaxial-planare Ermüdungsprüfung und wurde von Pascoe und Villiers [46] vorgestellt. Mit beiden Prüfmethoden lassen sich beliebige Beanspruchungen in der Hauptspannungsebene erzeugen. Dafür werden unterschiedliche Phasenbeziehungen zwischen den jeweiligen Regelgrößen (Dehnungen) in den Achsen bzw. Aktuatoren eingestellt. Um sämtliche Spannungszustände in der Hauptspannungsebene bei der Zug/Druck-Torsions-Prüfung zu ermöglichen, muss zusätzlich eine Druckbeaufschlagung von innen und außen realisiert werden [70–72]. Die Beaufschlagung mit Innendruck stellt Spannungen im Zugquadranten (I. Quadrant) [72–74] ein, und der Außendruck bewirkt Spannungen im Druckquadranten (III. Quadrant) [70, 72, 75]. Derartige Einschränkungen bestehen für die biaxial-planare Prüfung nicht, da die beiden Achsen (mit den zwei bzw. vier Aktuatoren) in der Ebene senkrecht zueinander stehen [71]. Die Regelgrößen sind für die Ermüdung typischerweise Dehnungen bzw. Verzerrungen.

2.3.1 Zug/Druck-Torsions-Ermüdungsprüfung

Die Zug/Druck-Torsions-Ermüdungsprüfung findet üblicherweise an zylindrischen Hohlproben statt. Die Phasenbeziehung zwischen der axialen Beanspruchung und dem Drehmoment wird anhand von Dehnungspfaden angegeben. Die üblichen Dehnungspfade sind sowohl proportional als auch nicht-proportional und werden in Tanaka et al. [76, 77], Benallal et al. [78], Wang und Brown [79], Inoue et al. [80] und Kida et al. [81] dargestellt und definiert. Die Dehnungspfade mit nicht-proportionaler Beanspruchung können zu drehenden Hauptachsen führen [82], wodurch während eines Zyklus mehrere Gleitsysteme aktiviert werden, welche eine starke Verfestigung und verkürzte Lebensdauer verursachen [76, 83, 84]. Die nicht-proportionale Verfestigung tritt insbesondere in Werkstoffen mit einer kleinen Stapelfehlerenergie, die hauptsächlich planar gleiten, auf [81, 83, 85, 86]. Des Weiteren ist nach Itoh et al. [84, 87] die zusätzliche Verfestigung abhängig von der Gitterstruktur. Die Lebensdauerreduktion bei nicht-proportionalen Dehnungspfaden wird mit der Gestaltänderungsenergiehypothese nicht konservativ beschrieben. Abhilfe schafft die kritische Scherdehnungsebene nach Brown und Miller [21].

Hochtemperaturermüdung

Die ersten Hochtemperaturermüdungsversuche unter Zug/Druck-Torsions-Belastung wurden von Taira et al. [88] an einem niedrig legierten Stahl bei 450 °C durchgeführt. Brown und Miller [49] sowie Wang und Brown [79] haben weitere drei Stähle und Sakane et al. [89] einen austenitischen Edelstahl geprüft. Die Nickelbasis-Superlegierungen Hastelloy X und IN738LC wurden von Chan [90] bzw. Isono et al. [91] unter biaxialer Hochtemperaturermüdung untersucht. Eine abschließende Darstellung der bis heute durchgeführten Versuche wird nicht gegeben.

Kriechermüdung

Das Einbringen von Haltezeiten in den Dehnungsverlauf sowie das Aufbringen von Mitteldehnungen führt bei hohen Temperaturen neben der Ermüdung zum Kriechen. Das Versagen wird als Kriechermüdung bezeichnet und wurde zuerst anhand von eingebrachten Haltezeiten durch Hamada et al. [92] und Nishino et al. [93] an dem austenitischen Stahl AISI 304 untersucht. Inoue et al. [80, 94] haben einen Chrom-Molybdän Stahl bei 600 °C unter diversen biaxialen Kriechermüdungsbelastungen getestet und die gängigen Lebensdauerberechnungsverfahren gegenübergestellt. Die Kriechermüdungsbelastung mit Mitteldehnung bzw. Mittelspannung stellt einen Spezialfall dar und wird in der Literatur auch als zyklisches Kriechen (engl. ratcheting) bezeichnet [37, 94]. Neben Inoue haben Delobelle et al. [95] sowie Portier et al. [96] das zyklische Kriechen untersucht. Delobelle et al. [95] als auch Portier et al. [96] haben jeweils für einen austenitischen Stahl das Materialverhalten anhand eines Materialmodells beschrieben.

Thermo-mechanische Ermüdung

Eine Überlagerung der biaxialen Belastungszyklen mit Temperaturzyklen wurde bisher von Brook et al. [97–99] untersucht. In der Studie wurde die Titanaluminidlegierung TNB-V5 sowohl unter reiner Scherung, Zug/Druck als auch proportionaler und nicht-proportionaler mechanischer Beanspruchung geprüft. Für die Zug/Druck Belastung wurde die Temperatur phasengleich (IP – In-Phase) und mit 180° Phasensatz φ_T (OP – Out-of-Phase) zykliert. Alle anderen mechanischen Beanspruchungen wurden mit einem phasenverschobenen Temperaturzyklus von 180° durchgeführt. Darüber hinaus wurde durch Haltezeiten die Kriechermüdung untersucht. Wesentliche Ergebnisse der Untersuchung sind, dass der OP-Phasenversatz der Temperatur φ_T die Lebensdauer verkürzt und die Torsionsbeanspruchung zur längsten Lebensdauer führt. Des Weiteren ist die proportionale axial-torsionale mechanische Beanspruchung mit der einachsigen Lebensdauer vergleichbar, und die nicht-proportionale Belastung führt zu der jeweils kürzesten Lebensdauer. Für jeden Belastungsfall wurden das Versagen und die mikrostrukturelle Entwicklung untersucht und miteinander verglichen [98, 99].

Ogata [100] hat die polykristalline und stängelkristalline Legierung IN738LC unter verschiedenen proportionalen Beanspruchungen mit phasengleichen Temperaturzyklen untersucht. Darüber hinaus hat er Haltezeiten in den Temperaturverlauf eingebracht und die Nickelbasis-Superlegierung mit einer CoCrAlY-Beschichtung untersucht. Für die polykristalline Legierung ohne Haltezeiten lässt sich die Lebensdauer gut mit der Vergleichsdehnungshypothese nach von Mises korrelieren. Für alle anderen Zustände und Beanspruchungen sind andere Hypothesen zur Lebensdauerkorrelation notwendig [100]. Ebenfalls wurde von Meersmann et al. [59, 101] die polykristalline Nickelbasis-Superlegierung IN738LC und die einkristalline Nickelbasis-Superlegierung SC16 untersucht. Die Werkstoffe wurden unter proportionalen als auch nicht-proportionalen Beanspruchungen sowie ohne und mit phasenverschobenem thermischen Zyklus φ_T getestet. Ebenso wurden kurze Haltezeiten von 5 min in den Temperaturverlauf eingefügt. Auch Meersmann [101] hat wie Ogata [100] für IN738LC festgestellt, dass die Lebensdauer für alle Lastfälle mit der Vergleichshypothese nach von Mises korreliert werden kann. Hingegen ist die Beschreibung von SC16 aufgrund der inhomogenen Verformung schwieriger, wobei Ansätze dargestellt werden [59].

2.3.2 Biaxial-planare Ermüdungsprüfung

Die biaxialen Spannungszustände werden bei dieser Prüfung in kreuzförmigen Proben eingestellt. Gegenwärtig gibt es von der kreuzförmigen Probe keine genormte Probenform und die Geometrie wird mittels FEM-Simulation an die Prüfaufgabe angepasst. Ein Überblick über das grundsätzliche Design der kreuzförmigen Probe ist in Henkel [102] zu finden. In der biaxial-planaren Ermüdungsprüfung lässt sich die Phasenbeziehung zwischen den beiden Achsen, ebenso wie in der

Zug/Druck-Torsions-Ermüdungsprüfung, anpassen. Es können sowohl proportionale als auch nicht-proportionale Dehnungspfade realisiert werden. Unabhängig vom Dehnungspfad liegt ein feststehendes Hauptachsensystem vor, wodurch selbst bei nicht-proportionaler Belastung keine Rotation der Spannungs- und Dehnungshauptachsen auftritt. Allerdings bewirkt die nicht-proportionale Belastung in planar gleitenden Werkstoffen ebenso die Aktivierung mehrerer Gleitsysteme, woraus eine starke Verfestigung mit verkürzter Lebensdauer resultiert [103, 104]. Es ist davon auszugehen, dass die Ausführungen im Abschnitt 2.3.1 bezüglich der Materialabhängigkeit ebenfalls zutreffend sind.

Hochtemperaturermüdung

Die ersten biaxial-planaren Hochtemperaturermüdungsprüfungen wurden von Sakane et al. [89] an einem 1Cr-1Mo-0,25V-Stahl bei 550 °C durchgeführt und der austenitische Edelstahl SUS304 bei 650 °C untersucht. Beansprucht wurden die beiden Werkstoffe unter den proportionalen Dehnungsverhältnissen $\Phi = $ -1; -0,5 ; 0; 0,5 und 1. Itoh et al. [48] haben für beide Werkstoffe die Rissinitiierung und das Risswachstum detailliert untersucht, siehe Abschnitt 2.1.4. In der Studie werden Hypothesen zur Lebensdauerbeschreibung gegenübergestellt, und es wird festgestellt, dass die sonst verwendeten Beziehungen nur bedingt geeignet sind. Deswegen hat die Forschergruppe um Sakane und Itoh [48, 105, 106] eine Vergleichsdehnungshypothese entwickelt, welche den Spannungszustand berücksichtigt und zwei materialabhängige Konstanten besitzt. Anhand dieser Hypothese lässt sich die Lebensdauer für beide Werkstoffe sehr gut prognostizieren.

Ogata und Takahashi [103, 104] haben den austenitischen Edelstahl AISI 316 sowohl unter proportionalen Dehnungsverhältnissen $\Phi = $ -1; -0,5 ; 0 und 1 als auch nicht-proportionalen Dehnungspfaden mit einem Phasenversatz zwischen den Achsen φ_ϵ von 22,5°; 45°; 90° und 135° untersucht. Unter den proportionalen Lastfällen zeigt das Dehnungsverhältnis von $\Phi = $ -1 längste und das von $\Phi = $ 0 die jeweils kürzeste Lebensdauer. Die nicht-proportionalen Belastungen zeigen im Vergleich eine kürzere Lebensdauer, damit sind die Ergebnisse zu den Zug/Druck-Torsions-Untersuchungen konsistent. Die Lebensdauerbeschreibung auf Basis der Gestaltänderungsenergiehypothese ist für die proportionale Belastung konservativ und für die nicht-proportionale Belastung nicht konservativ und somit ungeeignet. Daher definieren Ogata et al. [103, 104, 107, 108] die Vergleichsdehnung nach der Iso-Lebensdauerlinie. In neueren Untersuchungen haben Ogata und Sakai [108] sowie Ogata [107] eine polykristalline und stängelkristalline Nickelbasis-Superlegierung-geprüft. Getestet wurde die polykristalline Legierung IN738LC bei 850 °C sowie die stängelkristalline Legierung GTD111DS bei 870 °C unter Dehnungsverhältnissen von

$\Phi = -1$; 0 und 1. Die Lebensdauervorhersage gelingt für IN738LC mit der Vergleichs-dehnungshypothese nach von Mises. Hingegen kann die Legierung GTD111DS mit der Vergleichsdehnungshypothese nach Ogata beschrieben werden. In einer aktuellen Studie von Sakane et al. [109] wird die einkristalline Nickelbasis-Superlegierung YH61 bei 900 °C unter Dehnungsverhältnissen von $\Phi = -1$; -0,5 ; 0; 0,5 und 1 ermü-det und mit nicht-proportionalen Zug/Druck-Torsions-Ergebnissen verglichen. Eine Lebensdauerkorrelation zwischen den mehrachsigen Ermüdungsdaten auf Basis von Vergleichsdehnungen gelang nicht. Hingegen scheint die Vergleichsspannungshypo-these nach von Mises besser geeignet, jedoch liegen die Ermüdungsdaten in einem weiten Streubereich von sechs.

Kriechermüdung

Zhang und Sakane [110] sowie Zhang et al. [111] haben den austenitischen Edelstahl AISI 304 bei 600 °C und 700 °C unter Kriechermüdung geprüft. Dafür wurden in die Dehnungssignale Haltezeiten sowie Bereiche mit geringerer Dehnrate eingefügt und unterschiedliche Dehnungsverhältnisse $\Phi = -1$; -0,5 ; 0; 0,5 und 1 realisiert. In der Studie von Zhang und Sakane [110] liegt der Fokus auf der Versagensbeschrei-bung mit den Schädigungsanteilen aus der biaxialen Ermüdung und dem biaxialen Kriechen. Hingegen wird in der Studie von Zhang et al. [111] die Rissinitiierung und das Risswachstum für alle Belastungsfälle detailliert untersucht.

Eine betriebsgerechte Kriechermüdungsbeanspruchung wird von Samir et al. [112], Wang et al. [113, 114] und Cui et al. [115] an den Stählen 1%CrMoNiV und X12Cr-MoWVNbN10-1-1 untersucht. In den dehnungsgeregelten Zyklus werden mehrere Haltezeiten integriert und mit Temperaturwechseln während des Versuches über-lagert. Zusätzlich wird das Dehnungsverhältnis Φ zwischen -1; -0,5 ; 0; 0,5 und 1 variiert. In den Studien von Samir et al. [112] und Wang et al. [113] wurde für beide Werkstoffe ein Materialmodell nach dem Chaboche-Typ erstellt, welches die betriebsnahe Beanspruchung beschreibt. Anhand des Chaboche-Modells kann der Spannungs- und Dehnungszustand innerhalb der kreuzförmigen Probe berechnet und der Bereich der größten Schädigung bestimmt werden. Cui et al. [115] legten hingegen den Fokus auf die Rissinitiierung und das Risswachstum und bestätigen die Schädigungssimulation von Wang et al. [113]. Weiterhin wird belegt, dass die thermischen Zyklen die Lebensdauer stark verkürzen.

2.4 Berechnung des vorliegenden Spannungszustandes über dem tragenden Querschnitt

Die Spannungsberechnung unter biaxial-planarer Beanspruchung erweist sich als schwierig, da der tragende Querschnitt unbekannt ist und in Abhängigkeit von der Belastung variiert. Shiratori und Ikegami [116] haben ersatzweise einen effektiv tragenden Querschnitt angenommen und darüber die Spannungen berechnet. Ebenso nimmt Kuwabara [117] einen tragenden Ausgangsquerschnitt an, welcher infolge der plastischen Verformung und unter Annahme der Volumenkonstanz angepasst wird. Die Normalspannungen errechnen sich aus der Division der vorliegenden Kräfte in den Belastungsrichtungen durch die aktuell tragende Fläche [118]. Einige Wissenschaftler nutzen die Finite-Elemente-Methode (FEM), um den Spannungszustand zu spezifizieren. Dafür werden die gemessenen Kräfte und Verschiebungen als Randbedingungen verwendet, und über das Materialmodell wird der Spannungs- und Dehnungszustand bestimmt. Granlund [119], Olsson [120] und Gozzi [121–123] haben mittels FEM den tragenden Ausgangsquerschnitt A_{gr} ihrer Probengeometrie berechnet. Da der effektiv tragende Querschnitt von der Beanspruchung und der Beanspruchungshöhe abhängt, wurde eine Korrekturfunktion $\eta(\lambda, \sigma_{ii}/R_{P_{0,2}})$ für jeden Lastfall $\lambda = F_B/F_A$ sowie die Höhe der Beanspruchung mit FEM berechnet. Die Höhe der Beanspruchung wird zur Dehngrenze normiert $\sigma_{ii}/R_{P_{0,2}}$.

$$\sigma_{ii} = \frac{F_i}{A_{gr}\,\eta(\lambda, \sigma_{ii}/R_{P_{0,2}})\,(1 + \epsilon_{jj_{pl}})\,(1 + \epsilon_{33_{pl}})} \tag{2.28}$$

Fraglich ist, inwieweit die Simulation mit den implementierten Hypothesen die Ergebnisse beeinflusst.

Ein weiterer Ansatz basiert auf den Messwerten Kraft und Verschiebung bzw. Verformungsfeld, welche über die Probe und das Materialverhalten nach der Plastizitätstheorie, siehe Abschnitt 2.1.2, direkt miteinander verbunden sind. Daher wird bei der inversen Materialmodellberechnung die Kraft als Randbedingung vorgegeben und das Materialmodell solange iterativ angepasst, bis das gemessene Verformungsfeld von der FEM-Simulation abgebildet wird. Für den small-punch test hat Husain et al. [124] das inverse Problem gelöst und das Materialverhalten an drei Stählen bestimmt. Lecompte et al. [125] und Cooreman et al. [126] haben das elastischplastische Materialverhalten für ein glasfaserverstärktes Polymer sowie einen niedriglegierten Stahl mittels eines inversen Modells an der kreuzförmigen Probe ermittelt. Ihnen gelang es ebenso, die Materialparameter für die kreuzförmige Probe mit Mittenloch zu bestimmen. Allerdings bedarf die inverse Materialmodellberechnung viel Rechenzeit, ebene Oberflächen und eine exakte Messung des Verformungsfeldes, z.B. mit der digitalen Bildkorrelation.

Die Bestimmung des Spannungszustandes innerhalb dieser Arbeit erfolgt auf Basis des linear-elastischen Materialverhaltens. Entsprechend der Elastizitätstheorie, wie in Abschnitt 2.1.2 beschrieben, gelingt eine eineindeutige Verknüpfung zwischen Spannungs- und Dehnungszustand anhand zweier unabhängiger Materialkonstanten. Die Belastungsphase mit einer plastischen Verformung lässt keine Rückschlüsse auf die Spannungen zu. Kleine Entlastungen, „Teilentlastungen", bewirken allerdings eine elastische Rückverformung, die zur Spannungsberechnung genutzt wird [102, 127]. Demzufolge werden rein elastische Teilentlastungen im Belastungsverlauf sowie an Lastumkehrpunkten eingefügt. Im Fall der biaxial-planaren Prüfung werden zur Berechnung der Spannung das Kraftsignal und die Dehnungen am biaxialen Orthogonalextensometer während der Teilentlastung verwendet. Daher sind die Kenntnis des tragenden Querschnitts sowie eine nachfolgende FEM-Simulation nicht erforderlich. Für die Verwendung des Teilentlastungsverfahrens sind einige Bedingungen zu gewährleisten:

- Die gesamte kreuzförmige Probe muss elastisch entlasten
- Die Teilentlastung muss zum Kraftursprung zeigen
- Im kraftfreien Zustand liegen ebenso keine Spannungen vor
- Die elastischen Materialkonstanten bleiben während des gesamten Versuches gleich (keine Schädigung und isotropes Materialverhalten)
- Homogener Spannungs- und Dehnungszustand im Messbereich (Bereich zwischen dem biaxial Orthogonalextensometer)
- Keine Relaxationsvorgänge während der Teilentlastung.

In der zyklischen Prüfung werden die elastischen Entlastungen nach den Lastumkehrpunkten in der Kraft-Dehnungshysterese genutzt, siehe Abbildung 2.8. Diese Entlastungen werden mit linearen Funktionen approximiert und auf die Abszisse extrapoliert, um den elastischen Anteil an der Gesamtdehnung zu bestimmen. Die elastischen Dehnungsanteile werden sowohl für den Zug- als auch den Druckumkehrpunkt (Z bzw. D) in beiden Belastungsachsen berechnet. In der biaxial-planaren Prüfung entsprechen die Dehnungen in den Achsen zwei Hauptnormaldehnungen, und die dritte Komponente kann unter Annahme der Volumenkonstanz berechnet werden, wodurch der Dehnungszustand vollständig definiert ist. Die resultierenden Hauptspannungen σ_1, σ_2 in den Lastumkehrpunkten für den ebenen Spannungszustand werden anhand des Hookeschen Gesetzes mit

$$\sigma_1 = \frac{E\left(\epsilon_{1_{el}} + \nu_{el}\,\epsilon_{2_{el}}\right)}{1 - \nu_{el}^2} \tag{2.29}$$

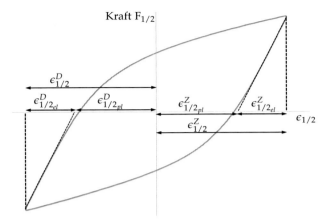

Abb. 2.8: Anwendung des Teilentlastungsverfahrens bei der Ermüdungsprüfung an der Kraft-Dehnungshysterese mit der Extrapolation der elastischen Entlastung nach der Lastumkehr auf die Abzisse, um den elastischen und plastischen Anteil an der Gesamtdehnung für den Zug- (Z) und den Druckbereich (D) zu bestimmen.

sowie

$$\sigma_2 = \frac{E\left(\epsilon_{2_{el}} + \nu_{el}\,\epsilon_{1_{el}}\right)}{1 - \nu_{el}^2} \tag{2.30}$$

berechnet. Neben den elastischen Dehnungsanteilen $\epsilon_{1_{el}}, \epsilon_{2_{el}}$ ist die Kenntnis des Elastizitätsmoduls E und der Querkontraktionszahl ν_{el} erforderlich. Das Teilentlastungsverfahren berechnet die wahren Spannungen, da der Anstieg der linearen Funktion die Steifigkeit der kreuzförmigen Probe repräsentiert und sich damit permanent auf den aktuell tragenden Querschnitt bezieht. Deswegen werden Schädigungen, wie Riss- und Porenbildung, welche den tragenden Querschnitt und somit die Steifigkeit beeinflussen, in der berechneten Spannung abgebildet.

Die Eignung des Teilentlastungsverfahrens zur Spannungsberechnung unter statischer biaxial-planarer Beanspruchung wurde von Kulawinski et al. [128] nachgewiesen. Für die zyklische Prüfung wird in den Arbeiten von Henkel [102] und Kulawinski et al. [127] die Eignung bestätigt. In beiden Studien wurde das Verfahren auf einachsige Ermüdungsversuche angewendet und mit der konventionellen Spannungsberechnung verglichen. Weiterhin wurden die biaxialen Wechselverformungskurven mit einachsigen Werten gegenübergestellt und ein vergleichbares Materialverhalten festgestellt. Die Studie von Kulawinski et al. [127] beschränkt sich auf die äquibiaxiale proportionale Last. Henkel [102] hat das Konzept für nicht-proportionale zyklische Beanspruchung mit Phasenversatz weiterentwickelt. Grund dafür ist, dass der Phasenversatz eine zeitversetzte Lastumkehr zwischen den beiden Achsen bewirkt und daher die Spannungsberechnung über Teilentlastungsverfahren versagt. Deswegen wurden von Henkel [102] synchrone Teilentlastungen in beiden Dehnungssignalen eingefügt.

Grenzen des Verfahrens wurden in Kulawinski et al. [129] für die Scherbeanspruchung festgestellt, da erhebliche Abweichungen zur einachsigen Beanspruchung vorliegen. Wesentlicher Grund dafür ist die dreidimensionale (nicht ebene) kreuzförmige Probengeometrie. In Abbildung 2.9 ist ein vereinfachtes Materialmodell dargestellt, welches die Problematik für die äquibiaxiale und die Scherbeanspruchung verdeutlicht.

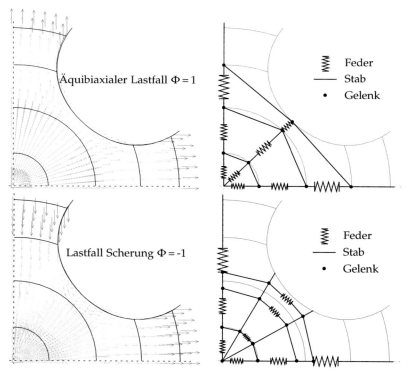

Abb. 2.9: Elastische Simulation der resultierenden Verschiebung und entsprechendes vereinfachtes Federmodell der kreuzförmigen Probe sowohl für den äquibiaxialen Lastfall als auch der Scherbelastung.

Unter äquibiaxialer Beanspruchung ist zu erkennen, dass die Entlastung vom Messbereich und Lastübertragungsring eine Dehnungsreihenschaltung darstellt und somit in beiden Bereichen dieselben Kräfte vorliegen. Demzufolge sind keine bzw. geringe Eigenspannungen im Messbereich für den kraftfreien Zustand vorhanden.

Hingegen ist bei der Scherbeanspruchung die elastische Rückverformung als Dehnungsparallelschaltung (Dehnung ist im Messbereich und im Lastübertragungsring gleich) aufzufassen. Um die gleichen Dehnungen in beiden Bereichen einzustellen, sind unterschiedliche Kräfte nötig. Infolge der ungleichen Kräfte liegt für einen äußeren kraftfreien Zustand eine Zwängung des Messbereiches durch den Kraftübertragungsring vor. Deswegen wird in aktuellen Veröffentlichungen auf die Darstellung der Wechselverformungskurve auf Basis der Spannungsamplitude für die biaxialen-planare Beanspruchung verzichtet [15, 130].

2.5 Nickelbasis-Superlegierungen

Dieser Abschnitt befasst sich sowohl mit den entscheidenden Schritten bei der Entwicklung und Herstellung als auch dem grundlegenden Aufbau von Nickelbasis-Superlegierungen. Eine darüber hinausgehende Beschreibung des Werkstoffes ist in einschlägigen Werken [42, 131, 132] zu finden.

2.5.1 Entstehung und Entwicklung

Die Flugzeugindustrie mit ihren Strahltriebwerken, welche seit den 40er Jahren des letzten Jahrhunderts verbaut werden, war maßgeblich für die Entwicklung von Nickelbasis-Superlegierungen verantwortlich. Die hohen mechanischen und thermischen Beanspruchungen sowie die chemischen Belastungen der Materialien innerhalb der Strahlturbine machten die Entwicklung neuartiger Werkstoffe erforderlich [42, 133]. Zunächst wurden die Hochtemperaturlegierungen des austenitischen Stahls weiterentwickelt [132, 134]. Im Zuge dessen entstanden in den 40er Jahren die Eisen-Nickel-Superlegierungen, welche allerdings nur wenige Jahre den gestellten Anforderungen entsprechen konnten. Zeitgleich wurden neben den Eisen-Nickel-Superlegierungen die Nickelbasis-Superlegierungen entwickelt. In den ersten Jahren beschränkte sich die Entwicklung auf Schmiedelegierungen, da diese gegenüber den Gusslegierungen eine höhere Duktilität besitzen. Ebenso wurde zunächst die bekannte Vorgehensweise bei der Auslegung von Komponenten aus Schmiedelegierungen favorisiert [131, 132]. Das Feingussverfahren wurde in den 50er Jahren zuerst für Kobaltbasis-Superlegierungen etabliert, da diese in Luft erschmolzen werden konnten. Mit der Entwicklung des Vakuuminduktionsschmelzens konnte der Feinguss auf Nickelbasis-Superlegierungen übertragen werden. Seitdem werden die höchstbeanspruchten Bauteile in der Turbine aus Gusslegierungen hergestellt [131, 132, 134, 135]. In den späten 50ern wurden durch eine kontrollierte Wärmeabfuhr erste stängelkristalline Nickelbasis-Superlegierungen bei General Electric eingeführt.

Dabei kristallisieren einzelne Körner an einer Kühlplatte. Infolge der gerichteten Wärmeabfuhr wachsen die Körner parallel dazu, so dass langgestreckte stängelförmige Körner entstehen. Eine konsequente Weiterentwicklung war die Anordnung eines Kornfilters über der Kühlplatte, wodurch ausschließlich ein Korn mit einer definierten Kornorientierung verbleibt und letztlich das gesamte Bauteil darstellt [132]. Mit jedem Entwicklungsschritt verbesserten sich die Hochtemperaturfähigkeiten der Nickelbasis-Superlegierungen, welche in Abbildung 2.10 anhand der Kriechbeständigkeit in Abhängigkeit der Materialien und Herstellungsverfahren [131, 136] dargestellt werden.

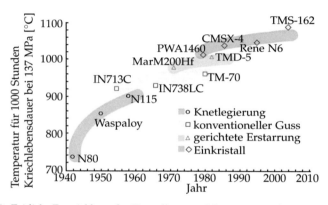

Abb. 2.10: Zeitliche Entwicklung der Herstellungsverfahren mit einzelnen Legierungen und die einhergehende kontinuierliche Verbesserung der Kriechbeständigkeit nach [131]

Im Zuge der Entwicklung hat sich herausgestellt, dass die Nickelbasis-Superlegierungen die Hochtemperaturwerkstoffe der Wahl sind. Ein wesentlicher Grund dafür ist die kubisch-flächenzentrierte (kfz) Gitterstruktur von Nickel, welche die größte Packungsdichte von 74 % aufweist und sehr stabil ist, so dass keine allotrope Umwandlung bis zum Schmelzpunkt stattfindet [42, 131]. Immanent für die kfz-Gitterstruktur sind der niedrigere Diffusionskoeffizient gegenüber den kubisch-raumzentrierten und den hexagonal-dichtest gepackten Metallen [137] sowie die gute Verformbarkeit und Duktilität bei sämtlichen Temperaturen [131, 138].

2.5.2 Zusammensetzung und Mikrostruktur

Nickelbasis-Superlegierungen setzen sich aus 10–15 Legierungselementen (Cr, Co, Mo, W, Al, Ti, Ta, Nb, Fe, Re, Ru, Hf, C, B und Zr) zusammen, welche Gewichtsanteile von 40–50 % einnehmen können [42, 131, 139–141]. Die Mikrostruktur ist mehrphasig und besteht aus dem Mischkristall γ, der Ausscheidungsphase γ' mit der Stöchiometrie $Ni_3(Al, Ti, Ta)$ sowie Carbiden und Boriden. Unter Betriebsbedingungen können darüber hinaus unerwünschte topologisch dichtest gepackte (TCP) Phasen, wie μ, σ und Laves-Phasen, entstehen [131, 133].

γ-Mischkristall

Die wichtigsten im Nickel-Mischkristall löslichen Elemente sind Cr, Co, Mo, W, Al, Ti, Ta, Re und Ru [37, 131, 139–142]. Die gelösten Elemente substituieren die Nickelatome im kfz-Gitter, wodurch eine Vergrößerung des Gitterparameters resultiert. Die Änderung des Gitterparameters hängt von dem Atomradius und dem Gehalt des substituierenden Elementes ab. In Jena und Chaturvedi [138] werden die Atomradien der Substitutionselemente mit Nickel verglichen und Sabol und Stickler [142], Mishima et al. [143] und Bürgel [42] stellen die Änderung des Gitterparameters in Relation vom Legierungsgehalt der Substitutionselemente dar. Die daraus resultierende Verspannung des Gitters hat eine Härtung der γ-Matrix zur Folge [138]. Weiterhin bewirken die Substitutionselemente Ti, Cr, Co, Cu, Fe [144, 145] eine starke Reduktion der Stapelfehlerenergie von Nickel ($300\,mJ/m^2$). Neben der reduzierten Stapelfehlerenergie wirken die niedrigen Interdiffusionskoeffizienten der Legierungselemente W, Ta, Mo, Re und Ru kriechfestigkeitssteigernd [42, 138, 139, 146]. Die Elemente wie B (1,17Å) und Zr (2,16Å), welche einen größeren Atomradienunterschied als 15 % zum Nickel (1,62Å) besitzen, werden nicht im Mischkristall gelöst [138]. Stattdessen reichern sich Zr und B an den Korngrenzen (Großwinkelkorngrenze) an, so dass der Korngrenzendiffusionskoeffizient sinkt und somit die Kriechfestigkeit für polykristalline Legierungen gesteigert wird [42].

Die Legierungselemente Cr und Al haben neben der Härtung die Funktion des Korrosionsschutzes. Der Korrosionsschutz wird bis 950 °C durch eine Cr_3O_2-Schicht gewährleistet. Bei höheren Temperaturen übernimmt Al aufgrund der höheren Diffusionsgeschwindigkeit mit einer Al_2O_3-Deckschicht diese Funktion. Legierungen, die Einsatztemperaturen unterhalb 950° besitzen, müssen Chromgehalte ≥ 15 % und Aluminiumgehalte ≤ 4 % aufweisen, um eine Heißgaskorrosionsbeständigkeit sicherzustellen [147]. Gusslegierungen hingegen sind für hohe Einsatztemperaturen mit einer Aluminiumoxidschicht vor einer Oxidation beständig, wobei Aluminiumgehalte $\leq 4,5$ % und Chromgehalte ≤ 12 % erforderlich sind [42, 132]. Die Neigung von Chrom zur TCP-Phasenbildung macht es erforderlich, die Chromgehalte zu reduzieren, um Festigkeits- und Duktilitätsverluste zu unterbinden. Insbesondere bei rheniumhaltigen Legierungen wird der Chromgehalt bis auf 2 % reduziert [42, 147]. Die dritte und wichtigste Funktion von Aluminium in Nickelbasis-Superlegierungen ist die Bildung der geordneten, intermetallischen Phase Ni_3Al, welche als γ'-Phase

bezeichnet wird. Diese wird fein und dispers verteilt innerhalb der γ-Matrix ausgeschieden und bewirkt die Teilchenhärtung der Nickelbasis-Superlegierungen.

γ'-Phase

Die γ'-Phase ist eine intermetallische Phase, die sich aus den beiden kubisch pri-
mitiven Teilgittern der Atomsorten zu einer Überstruktur zusammensetzt. Deswegen wird sie als ferngeordnete Phase bezeichnet, die dem Grundmuster der Phase
Cu_3Au folgt und somit der $L1_2$-Kristallstruktur zugeordnet wird [42, 144, 148], siehe
Abbildung 2.11.

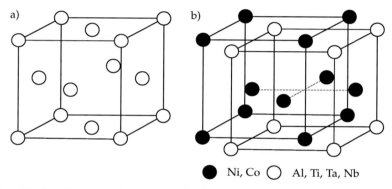

● Ni, Co ○ Al, Ti, Ta, Nb

Abb. 2.11: a) Kfz-Gitterstruktur von Nickel bzw. der γ-Matrix und b) die $L1_2$-
Kristallstruktur der γ'-Ausscheidung mit den bildenden Elementen.

Innerhalb der $L1_2$-Struktur wird Al hauptsächlich durch Ti, Ta, Nb und Ni durch Co
substituiert [42, 139]. Für weitere Legierungselemente werden die Substitutionspo-
sitionen innerhalb der $L1_2$-Struktur durch Ochiai et al. [149] angegeben. Coupland
et al. [150] sowie Jia et al. [151] stellen die prozentuale Verteilung der Elemente
zwischen der γ-Matrix sowie der γ'-Phase dar. Im Zuge der Substitution kann die
γ'-Phase auch in der Stöchiometrie $(Ni, Co)_3(Al, Ti, Ta)$ geschrieben werden.
Die kfz-Strukturen der γ-Matrix und der γ'-Phase besitzen eine geringe Fehlpassung
zueinander, so dass die γ'-Phase aus dem übersättigten Mischkristall homogen verteilt ausgeschieden wird und keine Vorzugsorte benötigt. Die Ausscheidungen sind
kohärent mit der Matrix und entstehen in der {100}-Ebene [142]. Zunächst nehmen
die Ausscheidungen sphärische Gestalt an, welche in Abhängigkeit von der Fehlpassung und Größe mit weiterem Wachstum in die kubische Form wechselt. Die
weitere morphologische Entwicklung erfolgt hin zur Anordnung von Würfeln [131,
152]. Die endgültige Gestalt der γ'-Phase ist abhängig vom Volumenanteil, welcher
von wenigen Prozent in den ersten Nickelbasis-Superlegierungen bis deutlich über

60 % in einkristallinen Turbinenschaufeln variieren kann.

Grundsätzlich ist der γ'-Volumenanteil für Knetlegierungen auf etwa 33 % begrenzt, da sich die Schmiedbarkeit mit der Ausscheidungsphase verschlechtert. Der Schmiedeprozess erfordert eine vollständige Lösung der γ'-Phase im Mischkristall, damit die Umformkräfte für die Werkzeuge ertragbar bleiben. Mit steigendem γ'-Anteil sind dafür jedoch höhere Temperaturen und eine genauere Temperaturführung nötig, um ein Anschmelzen und Ausscheiden während der Umformung zu vermeiden. Die Temperatur zwischen Anschmelzen und Ausscheiden wird als Schmiedefenster bezeichnet [42, 132, 134]. Das Schmieden als eine thermomechanische Behandlung bewirkt eine dynamische Rekristallisation im Werkstoff, welche zu sehr kleinen Korngrößen mit geringer bzw. keiner Textur führt.

Die Herstellung von Werkstoffen mit höherem γ'-Volumenanteil erfordert sowohl das Zulegieren von Al sowie der substituierenden Elemente Ti und Ta als auch andere Produktionsprozesse wie die Pulvermetallurgie und das Gießen. Die Pulvermetallurgie wird sowohl bei schwer knetbaren als auch bei ODS (Oxide dispersionstrength) Legierungen angewendet [134]. Üblicherweise werden hoch γ'-haltige Werkstoffe über das Gießen hergestellt. Die Nickelbasis-Superlegierungen werden dafür im Vakuum erschmolzen und anschließend im Feingussverfahren endkonturnah produziert. Die Bauteile erstarren im Vakuum, und im Fall der polykristallinen Erstarrung erfolgt die Wärmeabfuhr über die Form (Keramikschale). Infolge der geringen Abkühlraten resultiert ein grobkörniges Gefüge. Bei der gerichteten Erstarrung erfolgt die Wärmeabfuhr nicht über die Keramikschale, sondern über eine gekühlte Kupferplatte, die zu einer gerichteten Wärmeabfuhr führt. An der Kupferplatte erstarren die ersten Körner und wachsen dendritisch entlang ihrer Vorzugsrichtung <100> parallel zum Wärmefluss. Einkristalline Bauteile werden nach dem identischen Prinzip hergestellt. Allerdings wird zusätzlich über der Kupferplatte ein spiralförmiger Kornfilter (Helix) angebracht, welcher ein Korn selektiert, das das gesamte Bauteil darstellt [42, 132].

Neben dem Volumenanteil entscheiden maßgeblich die Seigerungen aus dem Gussprozess und die Wärmebehandlung, welche im Detail in Abschnitt 2.5.3 bzw. 2.5.4 behandelt werden, über die endgültige Form, Größe und Anordnung der γ'-Phase. Infolge der Seigerungen kann es in kleinen Gefügebereichen zu einer monodispersen sowie bidispersen γ'-Größenverteilung kommen. Bei der Betrachtung des Gesamtgefüges hingegen wird von einer monomodalen sowie bimodalen γ'-Größenverteilung gesprochen. Die Einstellung der optimalen Größe und Form bezüglich der teilchenhärtenden Wirkung sowie der Langzeitstabilität wird durch Wärmebehandlung erreicht, welche detaillierter im Abschnitt 2.5.4 beschrieben wird.

γ/γ'-Mikrostruktur

Die Gitterfehlpassung zwischen γ und γ' ist kleiner als 1 % und lässt sich über den Fehlpassungsparameter δ entsprechend Gleichung 2.31 beschreiben.

$$\delta = 2 \frac{a_{\gamma'} - a_\gamma}{a_{\gamma'} + a_\gamma} \tag{2.31}$$

Die Fehlpassung ergibt sich aus den Gitterparametern $a_{\gamma'}$, a_γ von γ und γ'. Im Allgemeinen wird von einem positiven Misfit gesprochen, wenn δ positive Werte annimmt und somit $a_{\gamma'} > a_\gamma$ ist. Für einen negativen Misfit gelten die konträren Relationen. In Nickelbasis-Superlegierungen wird eine Größenordnung der Fehlpassung von 10^{-3} angestrebt [153], um die Kohärenzspannungen bzw. Grenzflächenenergie gering zu halten, wodurch die Vergröberungskinetik verringert und die Langzeitstabilität der γ'-Phase erhöht wird [42]. Die Abstimmung der Gitterparameter aufeinander erfolgt durch die Anpassung der Legierungszusammensetzung [154]. Allerdings besitzt die γ-Phase einen höheren thermischen Ausdehnungskoeffizienten als die γ'-Phase, so dass sich bei Temperaturen $> 600\,^\circ$C meistens negative Fehlpassungen einstellen [153–156].

Die negativen Fehlpassungen führen bei hohen Temperaturen zu einer Vergröberung der γ'-Phase ohne äußere Belastung. Die Ursache dafür ist die thermodynamische Bestrebung des Werkstoffs, die Grenzflächenenergie minimieren [153]. Infolge der Vergröberung sinkt die Grenzflächenenergie je Volumeneinheit der γ'-Phase. Im Zuge dessen wachsen benachbarte γ'-Teilchen zu Platten zusammen, welche sich parallel zur <100>-Richtung formieren [157, 158]. Im Falle einer äußeren mechanischen Beanspruchung des Werkstoffes vergröbert die γ'-Phase gerichtet. Dieser Vorgang wird als Floßbildung oder im Englischen als Rafting bezeichnet [42, 153]. Die Floßbildung wurde vor allem an einkristallinen Werkstoffen, in denen die Belastungsrichtung im Zug parallel zur <100>-Richtung ist, untersucht, wobei zwei Phänomene beobachtet wurden [42, 153, 159]:

- Im Fall einer negativen Fehlpassung δ bilden sich die langgestreckten γ'-Platten senkrecht (normal) zur Belastung und der <100>-Richtung aus, so dass von einer Typ-N-Floßbildung gesprochen wird.

- Bei positiver Fehlpassung formieren sich die γ'-Platten parallel zur Belastungsrichtung. Dieser Fall wird als Typ-P-Floßbildung bezeichnet.

Ursache für die Floßbildung ist die differierende plastische Verformung in der zweiphasigen Mikrostruktur infolge des abweichenden Festigkeitsverhaltens von γ und γ' [153]. Die Dehngrenze wurde von Beardmore et al. [160] sowohl für γ und γ' als auch von zweiphasigen Werkstoffen mit unterschiedlichen γ'-Anteil in Abhängigkeit von der Temperatur untersucht, siehe Abbildung 2.12. Aus der Untersuchung wird deutlich, dass sich bei hohen Temperaturen die Festigkeit des zweiphasigen Verbundwerkstoffes mit einer Mischungsregel berechnen lässt [131, 160].

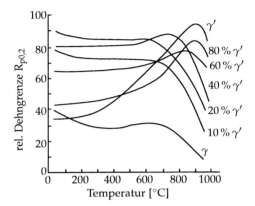

Abb. 2.12: Die temperaturabhängige Dehngrenze für unterschiedliche Volumenanteile an γ-Matrix und γ'-Ausscheidung nach Breadmore [160].

Karbide

Neben der γ- und γ'-Phase bilden und scheiden sich in Nickelbasis-Superlegierung-en diverse Karbide der Typen MC, $M_{23}C_6$ und M_6C aus. Die MC-Karbide werden während der Erstarrung mit den Metallelementen Ta, Ti, Nb, W, Mo und Cr ge-bildet und stellen die stabilsten dar [138, 142, 161, 162]. Bevorzugt entstehen die MC-Karbide an den Korngrenzen sowie in der Matrix im interdendritischen Bereich und nehmen die globulare, kubische oder chinesenschriftförmige Morphologie an. Die Festigkeit der Korngrenzen wird durch diesen Karbidtyp kaum verbessert.

$M_{23}C_6$ ist das wichtigste und häufigste Karbid in Nickelbasis-Superlegierungen und wird vor allem mit dem Metallelement Cr gebildet [131, 138]. Der $M_{23}C_6$-Karbidtyp wird mit Chromgehalten $\geq 18\%$ während der Erstarrung gebildet oder entsteht unter Auflösung der MC-Phase bei einer Wärmebehandlung oder im Betrieb im Tempera-turbereich von 700°C nach der folgenden Reaktion [42, 138, 142, 163].

$$MC + \gamma \rightarrow M_{23}C_6 + \gamma' \tag{2.32}$$

Chrom wird zum Teil durch Mo, Ni, Co, Ti, W oder Nb substituiert. Infolge der Karbidreaktion 2.32 bildet sich um große MC-Karbide ein Saum aus $M_{23}C_6$ [142]. Positiv auf die mechanischen Eigenschaften wirkt die globulare Ausscheidung der $M_{23}C_6$-Karbide auf den Korngrenzen, wodurch ein Korngrenzengleiten beim Krie-

41

chen erschwert wird. Allerdings stellen diese Karbide an den Korngrenzen bevorzugte Anrissorte dar [42]. Eine Versprödung des Werkstoffes verursachen plättchenförmige bzw. filmartige Karbide auf den Korngrenzen [42, 142]. Die dritte auftretende Karbidart ist M_6C und ist von der Stabilität zwischen MC und $M_{23}C_6$ einzuordnen. Zur Bildung sind die Refraktärmetalle Wolfram und Molybdän entsprechend der Mischungsregel (Mo %+0,5W %) mit einem Gewichtsanteil von $\geq 6\%$ erforderlich [142]. Dabei ersetzen die M_6C die $M_{23}C_6$-Karbide und scheiden sich ebenfalls auf den Korngrenzen in Form globularer, plättchenförmiger und nadeliger Teilchen aus [42, 142].

TCP-Phasen

Zu den TCP-Phasen zählen die Laves-Phasen, σ, μ und die orthorhombische P-Phase [142, 164]. Die Ausscheidung von topologisch dichtest gepackten (TCP)-Phasen ist grundsätzlich unerwünscht. Durch ihre Atomanordnung mit großen Atomen zwischen zwei Ebenen kleiner Atome und den daraus resultierenden wenigen Gleitsystemen sind sie hart und kaum verformbar. Im Gefüge werden die TCP-Phasen plattenförmig bzw. nadelig ausgeschieden, so dass sie die Zähigkeit und Ermüdungseigenschaften erheblich verschlechtern. Ebenso wird infolge der Phasenbildung eine sinkende Kriechfestigkeit und steigende Kriechrate gefunden [164]. Generell sind die Nickelbasis-Superlegierungen im Ausgangszustand frei von TCP-Phasen, welche sich erst nach Betriebszeiten > 25 h bilden [142, 165]. Infolge der Auswirkungen auf die mechanischen Eigenschaften und die Standzeit besteht das Bestreben, die Entstehung der TCP-Phasen vorauszusagen. Die am weitesten verbreitete Methode ist das PHACOM-Konzept, welches über die Pauling-Theorie der Elektronenschalenbesetzung die Anfälligkeit der Nickelbasis-Superlegierung für die TCP-Phasenbildung berechnet [42, 142]. Allerdings werden bei dieser Methode die Seigerungen und lokalen Verteilungen einzelner Elemente vernachlässigt, so dass in Bereichen mit W, Mo und Re Anreicherungen trotzdem TCP-Phasen entstehen [42, 165]. Eine verlässliche Voraussage ist deshalb bis zum jetzigen Zeitpunkt nicht möglich [56, 166].

2.5.3 Erstarrung von Nickelbasis-Superlegierungen

Die Qualität von Nickelbasis-Superlegierungen wird stark von der Erstarrung beeinflusst, da die entstehenden Seigerungen Auswirkungen auf die Wärmebehandlung haben. Die Erstarrung findet in dem Zweiphasenfeld zwischen Schmelze und Mischkristall statt. In dem Zweiphasenfeld liegen Schmelze und der primär erstarrte Mischkristall nebeneinander vor. Der primäre Mischkristall erstarrt in Abhängigkeit von der Temperatur mit der Soliduskonzentration c_S, welche durch das Einzeichnen einer Konode in das Zweiphasenfeld bestimmt werden kann. In der Schmelze liegt demzufolge die Liquiduskonzentration c_L vor, wobei sich der thermodynamische Gleichgewichtsanteil der jeweiligen Phase aus den Hebelarmlängen der Konode ergibt. Die Bestimmung der Konzentrationen und der Phasenanteile ist nur im thermodynamischen Gleichgewicht gültig. Da der Erstarrungsvorgang relativ zügig abläuft, fehlt die Zeit für die Diffusion, um das thermodynamische Gleichgewicht einzustellen. Dementsprechend resultieren in Werkstoffen unterschiedliche Konzentrationen zwischen den primär erstarrten Bereichen (Dendriten) und der erstarrten Restschmelze (Interdendriten). Allerdings entsprechen die Konzentrationen der beiden Bereiche nicht der Nennzusammensetzung und werden als Seigerungen bezeichnet. Die Höhe der Abweichung zur Nennkonzentration wird maßgeblich von der Erstarrungsgeschwindigkeit, dem Interdiffusionskoeffizienten und dem Verteilungskoeffizienten k des Legierungselements bestimmt. Der Verteilungskoeffizient k errechnet sich aus dem Quotient von c_S zu c_L, siehe Gleichung 2.33 [31, 42, 167, 168].

$$k = \frac{c_S(T)}{c_L(T)} \tag{2.33}$$

Das Seigerungsverhalten kann in Abhängigkeit vom Verteilungskoeffizienten k der Legierungselemente wie folgt beschrieben werden:

k ≈ 1 Da keine Konzentrationsunterschiede zwischen c_S und c_L vorliegen, verteilt sich das Legierungselement annähernd homogen im Werkstoff. Ein solches Verhalten trifft nur für Chrom und Kobalt zu. In einzelnen Legierungen kann sich Co in der Schmelze anreichern, so dass eine eutektische Erstarrung in den interdendritischen Bereichen auftritt [42, 168].

k < 1 Ein Verteilungskoeffizient k < 1 führt zu einer Anreicherung der Legierungselemente im interdendritischen Bereich sowie an den Korngrenzen. Typische Elemente sind Al, Ta, Ti, Mo, Nb und Hf. Infolge der Seigerung der starken γ'-bildenden Elemente ist der Volumenanteil zwischen den Dendriten und an den Korngrenzen erhöht. Das Legierungselement Zr mit k ≪ 1 befindet sich nur in Spuren im Dendriten; stattdessen ist es hauptsächlich an den Korngrenzen angereichert [42, 167, 168].

k > 1 Ein Verteilungskoeffizient k > 1 bewirkt eine Anreicherung der Legierungselemente im Dendriten. Derartig seigern die Legierungselemente W, Re und Ru, wobei k ≫ 1 ist [168]. Hingegen haben Feng et al. [169] einen Verteilungskoeffizienten k für Ru zwischen 1.07 – 1.15 ermittelt. Infolge der stark heterogenen Seigerung im Dendriten wird die Bildung von TCP-Phasen durch W und Re gefördert.

Die heterogene Verteilung der Legierungselemente wird in Nickelbasis-Legierungen durch eine mehrstufige Lösungsglühung reduziert. Um Anschmelzungen zu ver-

43

meiden, richtet sich die niedrigste Lösungsglühtemperatur nach den zuletzt erstarrten Bereichen, welche sowohl Verteilungskoeffizienten von k > 1 als auch k < 1 besitzen können. Die stark seigernden Elemente wie W, Re und Ru mit den niedrigen Interdiffusionskoeffizienten lassen sich allerdings nicht in technisch sinnvoller Zeit homogen im Werkstoff verteilen [42, 167].

2.5.4 Wärmebehandlung

Neben dem Gießen ist die Wärmebehandlung maßgeblich für die Qualität bzw. Eigenschaften der Nickelbasis-Superlegierungen verantwortlich. Generell ist für die γ'-aushärtbaren Nickelbasis-Superlegierungen eine Wärmebehandlung üblich, um die optimalen mechanischen Eigenschaften einzustellen. Die typische Wärmbehandlung besteht aus mehreren Stufen mit einer Homogenisierungs- bzw. Lösungsglühung sowie einem Aushärtungsglühen (Auslagerung).

Lösungsglühung

Die Lösungsglühung hat die Aufgabe, die Seigerungen zu reduzieren und eine Homogenisierung der Legierungselemente zu erreichen. Des Weiteren sollen die innerhalb der Erstarrung entstandenen Phasen (Karbide, Ausscheidungen, TCP-Phasen) aufgelöst werden, so dass eine vollständige Lösung im Mischkristall vorliegt. Die vollkommene Lösung der Legierungselemente wird bei hoch-γ'-haltigen Legierungen durch eine mehrstufige Lösungsglühung erreicht und ist erforderlich, um das komplette Aushärtungs- bzw. Eigenschaftspotential des Werkstoffes auszunutzen. Die abschließende Lösungsglühtemperatur ist abhängig vom γ'-Volumenanteil und den Karbidtypen. Vor allem bei Knetlegierungen mit γ'-Anteilen < 20 % richtet sich die Lösungsglühtemperatur nach den Karbiden. Übersteigen die γ'-Anteile 20 %, wird die Lösungsglühtemperatur von der γ'-Phase bestimmt [42].
Grundsätzlich können Knetlegierungen vollständig lösungsgeglüht werden, so dass sowohl γ'-Teilchen als auch Karbide in Lösung gehen. Eine Ausnahme stellen die primären MC-Karbide dar, welche aufgrund ihrer Hochtemperaturstabilität erhalten bleiben. In Knet- sowie Gusswerkstoffen mit vorausgegangener Kaltverformung kann es während des Lösungsglühens zu einer Rekristallisation kommen, vorausgesetzt, der kritische Umformgrad wurde überschritten [170, 171]. Insbesondere bei feinkörnig rekristallisierten Werkstoffen findet infolge der hohen Lösungsglühtemperaturen eine diskontinuierliche Kornvergröberung (sekundäre Rekristallisation) statt, welche nach Möglichkeit zu unterbinden ist.
Die Lösungsglühtemperaturen richten sich bei Gusslegierungen weitgehend nach

der γ'-Phase. Im Fall der einstufigen Lösungsglühung definiert das γ/γ'-Eutektikum zwischen den Dendritenstämmen den niedrigst schmelzenden Bereich und somit die oberste Lösungsglühtemperatur. Allerdings verursacht die heterogene γ'Lösungstemperatur, welche auf das Seigerungsverhalten von Al, Ti, Ta und Nb zurückzuführen ist, selten eine vollständige Auflösung von γ'. Die γ'-Bildner (Al, Ti, Ta und Nb) werden, wie in Abschnitt 2.5.3 beschrieben, im interdendritischen Bereich angereichert, wodurch der γ'-Volumenanteil erhöht ist und die γ'-Lösungstemperatur über der Anschmelztemperatur liegt. Im Dendritenstamm hingegen ist die γ'-Lösungstemperatur deutlich niedriger. Demzufolge werden die γ'-Teilchen im interdendritischen Bereich nicht aufgelöst, und in den Dendritenstämmen ist eine vollständige γ'-Lösung möglich. In einem solchen Fall wird von einer Teillösungsglühung gesprochen, bei der sowohl die groben (primären) γ'-Ausscheidungen als auch die γ'-Teilchen des γ/γ'-Eutektikums im interdendritischen Bereich unverändert bleiben [42, 172–175].

Abhilfe schafft die mehrstufige Lösungsglühung, die das Gefüge weitgehend homogenisiert und somit das vollständige Eigenschaftspotential ausschöpft. Dafür wird stufenweise unterhalb der Anschmelztemperatur geglüht und die Temperatur jeweils so lange gehalten, bis eine Homogenisierung erreicht ist. Mit jedem Lösungsglühschritt nähert sich die Anschmelztemperatur und somit die Glühtemperatur der Gleichgewichts-Solidustemperatur an. Diese sequentielle Vorgehensweise wird bis zur vollständigen Lösung der γ'-Phase sowie der nahezu vollständigen Auflösung des γ/γ'-Eutektikums und einer ausreichenden Reduktion der Seigerungen durchgeführt, so dass die Wahrscheinlichkeit der TCP-Phasenbildung gesenkt wird [42, 174–177].

Unabhängig von der einstufigen bzw. mehrstufigen Lösungsglühung werden die korngrenzenwirksamen $M_{23}C_6$ und M_6C meistens vollständig gelöst sowie die Eigenspannungen 1. Art vermindert [42, 174, 175, 177].

Auslagerung

In der Auslagerung werden die im Mischkristall zwangsgelösten Legierungselemente in Form der γ'-Phase und der Karbide ausgeschieden. Ziel der Auslagerungen ist es, nach Möglichkeit den maximalen γ'-Volumenanteil für die Legierung in optimaler Form, Größe und Verteilung auszuscheiden. Ebenso werden die korngrenzenverfestigenden $M_{23}C_6$ und M_6C-Karbide in globularer Form an Großwinkelkorngrenzen gebildet [42, 132, 174].

Der Ausgangszustand vor der Auslagerung ist abhängig von der Lösungsglühung. Im Falle einer Teillösungsglühung liegen bereits grobe primäre γ'-Teilchen vor, neben welchen sich feine γ'-Ausscheidungen (sekundäres γ') während der Abkühlung bilden [173]. Während der Auslagerung wachsen die sekundären γ'-Teilchen, wodurch die charakteristische bimodale Größenverteilung für teillösungsgeglühte Werkstoffe entsteht [172, 178]. Der Ausgangszustand einer vollständig lösungsgeglühten Legierung besteht ausschließlich aus feinen sekundären γ'-Teilchen, die während der Auslagerung wachsen, so dass sich eine monomodale Größenverteilung einstellt. Üblich sind sowohl für Knet- als auch für Gusslegierungen mehrere Auslagerungsstufen. Bei Knetwerkstoffen sollen mit der höheren Auslagerungstemperatur die Karbide auf den Korngrenzen gebildet werden, und die zweite, niedrigere Temperatur dient dem Wachstum der γ'-Teilchen [132]. Die hohe Auslagerungsstufe in Gusslegierungen nutzt die optimale Ausscheidungskinetik der γ'-Phase aus, und in der zweiten tieferen Auslagerungstemperatur wird der restliche γ'-Anteil ausgeschieden. Da die Auslagerungsglühung an Luft stattfindet, bildet sich zeitgleich eine reine Cr_3O_2- oder Al_2O_3-Deckschicht, welche die Beständigkeit gegenüber Heißgaskorrosion verbessert oder den Angriff hinauszögert [42].

3 Experimentelles

In diesem Abschnitt werden die im Rahmen dieser Arbeit verwendeten Versuchs-
stände und zugehörigen Probengeometrien dargestellt. Weiterhin werden die untersuchten Nickelbasis-Superlegierungen, Waspaloy™ und IN738LC, sowie deren
jeweiligen Versuchsparameter im Detail beschrieben. Ein besonderer Fokus liegt auf
dem Versuchsaufbau der biaxial-planaren Hochtemperaturermüdungsprüfung.

3.1 Biaxial-planarer Prüfstand

Der am Institut für Werkstofftechnik befindliche biaxial-planare Prüfstand besteht
aus vier servohydraulischen Aktuatoren, welche mit einem 4-Kanal-Controller von
Instron geregelt werden. Die Inbetriebnahme des Systems wurde im Rahmen der
Dissertation von Henkel [102] durchgeführt. Im Rahmen dieser Arbeit wurde der
Versuchsstand um einen Kanal, den „Temperaturkanal", erweitert, wobei die Regelung nicht der Instron-Controller, sondern der *Eurothermregler 2704* übernimmt. Die
vier hydrostatisch gelagerten Aktuatoren sind in einem steifen Lastrahmen montiert
und paarweise miteinander verknüpft, so dass sie eine Achse bilden. Beide Achsen
sind orthogonal zueinander angeordnet und liegen in einer Ebene, wodurch sie sich
in einem Punkt schneiden. Die biaxial-planare Prüfmaschine (Abbildung 3.1) ist von
der vertikalen Bauart, wodurch die Zugänglichkeit für den Probenwechsel erleichtert
wird.

Der Ölfluss zu jedem Zylinder wird anhand von zwei parallelgeschalteten Servoven-
tilen mit einem Durchfluss von 38 l/min reguliert, wobei jeweils ein Ventil absperr-
bar ist. Je nach Anforderung bezüglich Regelgüte sowie Geschwindigkeit der Zylin-
derbewegung wird das zweite Servoventil zugeschaltet. Im Rahmen dieser Arbeit
wurden ausschließlich dehnungsgeregelte Versuche mit einem Servoventil pro Zylinder durchgeführt, welche hohe Regelgenauigkeit und niedrige Zylindergeschwin-
digkeiten erfordern. Als Sensoren befinden sich an jedem Aktuator ein induktiver
Wegaufnehmer sowie eine Kraftmesszelle mit Beschleunigungssensor, um eine Mas-
sekraftkompensation zu gewährleisten. Zur induktiven Erwärmung ist der biaxial-planare Prüfstand mit einem 30 kW *Hüttinger* Hochfrequenzgenerator und zuge-
hörigem Außenschwingkreis ausgestattet. Die resultierende Frequenz des Schwing-

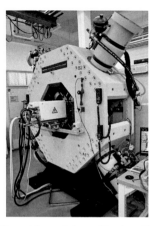

Abb. 3.1: Biaxial-planare Prüfmaschine mit kreuzförmiger Probengeometrie für isotherme und thermo-mechanische Ermüdungsversuche.

kreises liegt zwischen 20 kHz und 100 kHz und hängt von der Induktorspule (Widerstand) sowie den Kondensatoren ab. Die Datenaufzeichnung der 5 Kanäle erfolgt synchron mit einem *Instron-Controller 8800* mit einer maximalen Abtastrate von 5 kHz und einer Quantisierung bzw. Auflösung von 19 Bit.

Die Regelgrößen für die biaxial-planare Hochtemperaturermüdung sind Temperatur und Verformung, welche mittels Thermoelement Typ K und biaxial-orthogonal Feindehnungsaufnehmer erfasst werden. Die Typ K Thermoelementdrähte Alumel und Chromel werden zur Temperaturmessung nebeneinander mit 1 mm Abstand konduktiv im Zentrum der kreuzförmigen Probe aufgeschweißt, wie im „code of practice" für einachsige thermo-mechanische Ermüdung vorgeschlagen [179–181]. In dieser Konfiguration erfolgt nach dem Seebeck-Effekt der Stromfluss zwischen den Drähten über die Probe, so dass die mittlere Probentemperatur gemessen wird. Geregelt wird die Temperatur vom Eurothermregler, welcher die Stellgröße an den Hochfrequenzgenerator übergibt.

Die Hochtemperatureignung des biaxial-orthogonalen Feindehnungsaufnehmers wird mit vier Aluminiumoxidkeramikstäben, welche auf der Probenoberfläche appliziert werden, sowie der Temperierung auf 35 °C durch ein Umwälzthermostat sichergestellt, siehe Abbildung 3.2. Das biaxial-orthogonale Extensometer hat in beiden Achsen eine Messbasis von 13 mm und einen Messbereich von ±0,75 mm (±5,77 %).

Neben der Temperatur sowie den beiden Dehnungen werden die Kraftdifferenzen (Differenz zwischen beiden Aktuatoren einer Achse) zu 0 geregelt, um die Mittelpunktlage zu wahren und eine Verbiegung der kreuzförmigen Probe zu verhindern.

Abb. 3.2: Temperierter biaxial-orthogonaler Feindehnungsaufnehmer

Details zur biaxial-planaren zyklischen Regelung sind in Henkel [102] und McAllister [182] zu finden. Für die thermo-mechanischen Ermüdungsversuche wird die Kompensation der thermischen Dehnung durch eine Verknüpfung der Dehnung mit der Temperatur realisiert.

3.1.1 Kreuzförmige Probengeometrie

Bei der niederzyklischen Ermüdung geht die Anrissbildung grundsätzlich vom höchst beanspruchten Bereich aus. Deswegen sind in der kreuzförmigen Probengeometrie, siehe Abbildung 3.3, der Messbereich auf eine Dicke von 1,6 mm reduziert und der Übergang zwischen den Lasteinleitungsarmen mit einem Radius von 20 mm abgerundet. Ursprünglich stammt der Vorschlag für die Probengeometrie von Pascoe und de Villers [45–47], welche die Grundlage für die weiteren Probenoptimierungen darstellt. Scholz et al. [183] und Samir [112, 184] haben die Geometrie für die thermo-mechanische Ermüdung sowie Kriechermüdungsuntersuchung [113, 115] angepasst. Die verwendete kreuzförmige Probengeometrie stimmt nahezu mit der Probe von Scholz und Samir überein.

Eine FEM-Simulation der verwendeten Probe wurde im Rahmen der Dissertation von Henkel [102] durchgeführt. In der Simulation wurde ein bilineares Materialmodell benutzt, welches sowohl den elastischen Bereich als auch den plastischen Bereich mit einer linearen Funktion beschreibt. Anhand der Simulation wurden das Probenverhalten für unterschiedliche Lasten untersucht und die resultierenden Spannungsverteilungen betrachtet. Ergebnis der Untersuchung ist, dass eine nahezu homogene Spannungsverteilung und die höchsten Spannungen im planen Messbereich, welcher einen Durchmesser von 15 mm und eine Dicke von 1,6 mm besitzt, vorliegen. Demzufolge ist von einem Versagen im Messbereich (Abbildung 3.3) auszugehen.

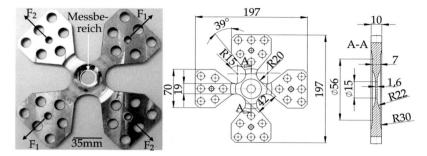

Abb. 3.3: Kreuzförmige Probengeometrie mit poliertem Messbereich und technische Zeichnung mit wesentlichen Maßen.

Die kreuzförmigen Proben werden aus Platten hergestellt, die durch Fräsen ihre Planparallelität und die kreuzförmige Kontur erhalten. Der abgesenkte Prüfbereich wird durch Drehen eingebracht. Der Prüfbereich (Messbereich und Übergangsbereich) ist für die Ermüdungsprüfung mechanisch zu schleifen und bis Diamantkorngröße von 3 µm zu polieren, um eine rauhigkeitsinduzierte Anrissbildung zu vermeiden [34].

3.1.2 Induktorentwicklung

In der niederzyklischen Hochtemperaturermüdung ist neben der Spannungs- und Dehnungsverteilung die Temperaturverteilung entscheidend. Das resultierende Temperaturfeld bei der induktiven Erwärmung wird maßgeblich vom Induktordesign bestimmt [185–187]. Deswegen soll in diesem Abschnitt die Induktorentwicklung genauer betrachtet werden.

Da bereits auf einer Seite der kreuzförmigen Probe der Feindehnungsaufnehmer und das Thermoelement appliziert sind, erfolgt die induktive Erwärmung durch einen Induktor (Spule) von der gegenüberliegenden Seite entsprechend Abbildung 3.4. Demzufolge induziert das magnetische Wechselfeld des Induktors nur einseitig Wirbelströme im Werkstück, die zur Erwärmung führen. Die Eindringtiefe der Wirbelströme ist vom Werkstoff (Permeabilität, Leitfähigkeit) und der Frequenz des Schwingkreises abhängig. Mit einer geringeren Frequenz wird die Eindringtiefe erhöht, und es kann eine vollständige Durchdringung des Querschnittes erreicht werden. Die getesteten Induktoren führen zu Frequenzen im Bereich von 70 kHz bis 80 kHz.

Üblich für die induktive Erwärmung kreuzförmiger Proben ist eine spiralförmige

Abb. 3.4: Versuchskonfiguration mit appliziertem Dehnungsaufnehmer (1–biaxial-orthogonales Extensometer) sowie Thermoelement (2–Typ K) und auf der Gegenseite positioniertem Induktor (3–zylindrisch).

Spule [184, 188, 189], welche auch als Flächeninduktor bezeichnet wird. Der Flächeninduktor von Sakane ist kongruent zur kreuzförmigen Probengeometrie gewölbt, so dass der Abstand zwischen Probe und Induktor überall annähernd konstant ist. Aufgrund der Verwendung in der Literatur wird innerhalb dieser Arbeit der gewölbte Flächeninduktor getestet und als Referenz betrachtet. Der Induktorenvergleich beschränkt sich auf einen Flächeninduktor und einen zylindrischen Induktor. Die Ausbildung des magnetischen Wechselfeldes und der damit entstehenden Wirbelströme ist für beide Spulen gänzlich unterschiedlich. Die Wirkungsweisen der beiden Induktoren werden in Abbildung 3.5 gezeigt.

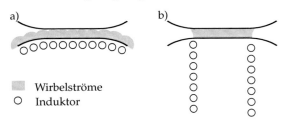

Abb. 3.5: Qualitative Ausbildung der Wirbelströme im Querschnitt der kreuzförmigen Probe für a) den Flächeninduktor und b) den zylindrischen Induktor.

Der Flächeninduktor erzeugt Wirbelströme im Werkstoff um die Spulenwindungen (siehe auch Zinn and Semiatin [187]), und der zylindrische Induktor durchdringt den Querschnitt aufgrund des parallel zur Zylinderachse entstehenden magnetischen Wechselfeldes vollständig. Die Eignung des jeweiligen Induktors für die Erwärmung kreuzförmiger Proben wird anhand von bis zu 13 angeschweißten Thermoelementen oder Mantelthermoelementen Typ K sowie thermografischen Aufnahmen validiert. Die Thermoelemente sind beidseitig auf der Probe verteilt. Zur Evaluierung der beiden Induktoren wird ein Rampensignal, welches sowohl isotherme als auch anisotherme Phasen beinhaltet, als Temperaturprofil vorgegeben.

In der anisothermen Phase wird eine Temperaturänderung von 50 K mit unterschiedlichen Heizraten realisiert, womit die Eignung für das thermische Zyklieren untersucht wird. Die isotherme Phase soll zeigen, nach welcher Zeit sich die Temperaturverteilung stabilisiert und ob die Anforderung für eine isotherme Hochtemperaturermüdung erfüllt ist.

Das thermische Verhalten der kreuzförmigen Probe wird für das Rampensignal für ausgewählte Thermoelemente wiedergegeben, die entsprechend Abbildung 3.6 auf der Probe positioniert sind. Das Mantelthermoelement ist 5 mm tief in die kreuzför-

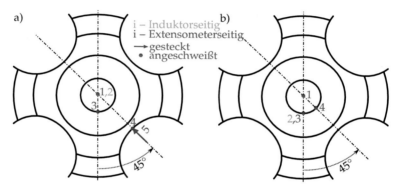

Abb. 3.6: Position der ausgewählten Thermoelemente für a) den Flächeninduktor und b) den zylindrischen Induktor.

migen Probe gesteckt und alle anderen Thermoelemente sind mittels Widerstandsschweißen auf der Probe fixiert. Für den zylindrischen Induktor wird kein Thermoelement im Randbereich oder Übergangsbereich betrachtet, da dort erheblich niedrigere Temperaturen als im Messbereich vorliegen. Zum Vergleich der Induktoren werden in Abbildung 3.7 der Temperaturverlauf und die Temperaturabweichung zum Sollwert dargestellt.

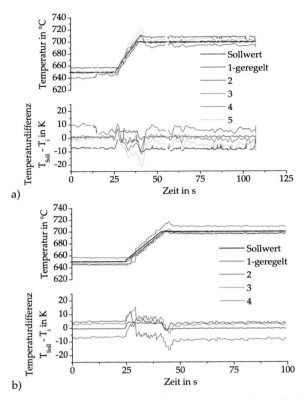

Abb. 3.7: Temperaturverlauf und Temperaturdifferenzen zum Sollwert für das Rampensignal von 650 °C auf 700 °C für a) den Flächeninduktor und b) den zylindrischen Induktor.

Für den Vergleich wurde die Temperaturrampe von 650 °C auf 700 °C mit einer Heizrate von 4 K/s für den Flächeninduktor und 3,3 K/s für den zylindrischen Induktor gewählt. Erwartungsgemäß weist die anisotherme Phase für beide Induktoren die größten Abweichungen zum Sollwert auf. Die Differenzen für den zylindrischen Induktor sind etwas geringer, was allerdings Resultat der geringeren Aufheizrate sein kann. Bei Betrachtung der Aufheizphase des Flächeninduktors fällt auf, dass sich die Randbereiche (Thermoelemente 4 und 5) schneller erwärmen als das Probenzentrum (Thermoelemente 1, 2 und 3). Demzufolge ist der Wärmeeintrag im Randbereich höher und es resultiert ein Wärmefluss in diesem Messbereich. Eine Folge des Wärmeflusses ist die indirekte Temperaturregelung, die zu einer geringen Verzögerung führt und somit die Regelgüte negativ beeinflusst. Der höhere Wärmeeintrag im Randbereich führt zu den höchsten Temperaturen, welche insbesondere bei der

Ermüdung ein außerzentrisches Versagen verursachen können. Besonders ungünstig ist die Temperaturkonzentration für die thermo-mechanische Ermüdung, da die thermischen Zyklen betragsmäßig größer als im Messbereich sind. Im Vergleich dazu erwärmt der zylindrische Induktor alle Bereiche gleichmäßig. Demzufolge kann der Wärmeeintrag im Messbereich als konstant angesehen werden, wodurch ein direkteres Regelverhalten mit einer höheren Regelgenauigkeit vorliegt. Außerdem stellt sich die höchste Temperatur im Messbereich ein, welcher damit den höchstbeanspruchten Bereich sowohl bei isothermer als auch thermo-mechanischer Hochtemperaturermüdung darstellt. Die Randbereiche hingegen haben eine um 100 K tiefere Temperatur, daher wird, wie bereits erwähnt, auf eine Darstellung verzichtet. Anhand der anisothermen Phase wird deutlich, dass die Anforderungen für eine thermo-mechanische Ermüdung für die realisierten Heizraten nicht erfüllt werden.

In der isothermen Phase sind die Unterschiede zwischen den Induktoren marginal. Der Flächeninduktor führt mit ± 7 K zu leicht höheren Abweichungen als der zylindrische Induktor mit +3 bis -6 K. Hinsichtlich Stabilität der Regelung ist der zylindrische Induktor zu bevorzugen, da die Temperaturschwankungen erheblich geringer sind und das geregelte Thermoelement 1 deckungsgleich mit dem Sollsignal ist. Der Temperaturunterschied zwischen Vorder- und Rückseite ist für den Flächeninduktor (Thermoelemente 1 und 2) etwa 7 K und für den zylindrischen Induktor (Thermoelemente 2 und 3) < 2 K. In der isothermen Versuchsführung resultieren Temperaturabweichungen im Messbereich von kleiner als ± 1 %, womit die Anforderungen für die Hochtemperaturermüdung mit beiden Induktoren erfüllt werden [181].

Das vollständige Temperaturfeld und die resultierende Temperaturverteilung in der kreuzförmigen Probe wurden mit der thermografischen Kamera erfasst. Dafür wurde auf die kreuzförmige Probe ein Hochtemperaturlack aufgetragen, der einen konstanten Emissionskoeffizienten von 0,91 bis circa 1000 °C sicherstellt. Zusätzlich wird das Temperaturprofil für die 0°-Richtung (entlang der Achse) und in der 45°-Richtung zu den Achsen angegeben. Das Temperaturfeld beider Induktoren wird in Abbildung 3.8 für 400 °C miteinander verglichen.

Die Thermografie der kreuzförmigen Probe zeigt für den Flächeninduktor eine nahezu homogene Temperaturverteilung im Messbereich. Allerdings gewährleistet der Flächeninduktor einen homogenen Temperaturbereich bis in den Randbereich, wodurch sich das charakteristische kreuzförmige Temperaturfeld ausbildet. Die Kreuzform lässt sich auf die hauptsächliche Wärmeableitung der wassergekühlten Spannbacken zurückführen. Daher ist das kreuzförmige Temperaturfeld 45° zu den Belastungsachsen orientiert. Das Temperaturprofil in der 45°-Richtung zeigt ein Temperaturplateau, welches sich über den gesamten Querschnitt erstreckt und eine geringe Temperaturüberhöhung im Randbereich aufweist. Demzufolge bestätigt die Thermografie die Messung der Thermoelemente. Der größte Temperaturgradient liegt

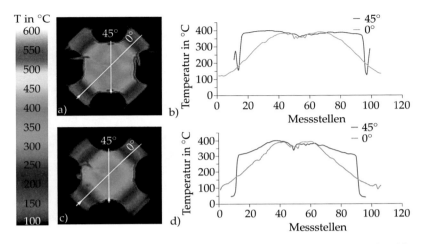

Abb. 3.8: Temperaturfeld und richtungsabhängige Temperaturprofile bei 400 °C für a) bzw. b) den Flächeninduktor und c) bzw. d) den zylindrischen Induktor.

aufgrund der wassergekühlten Spannbacken in 0°-Richtung, also in den Belastungsachsen vor. Für beide Induktoren wird ein ähnlicher Temperaturverlauf unter der 0°-Richtung gemessen. In der thermografischen Aufnahme mit dem zylindrischen Induktor wird deutlich, dass sich die Erwärmung fast ausschließlich auf den Messbereich beschränkt. Ebenso wird die mit Thermoelementen gemessene homogene Temperaturverteilung im Messbereich bestätigt. Charakteristisch für den zylindrischen Induktor ist das kreisförmige Temperaturfeld im Zentrum der kreuzförmigen Probe. Zum Lastübertragungsring hin bilden die Bereiche gleicher Temperatur (Farbe) ein quadratisch geformtes Temperaturfeld aus. Die Temperaturen in den Randbereichen sind erheblich niedriger als im Messbereich, wobei der Temperaturunterschied von über 80 K aus dem Temperaturprofil entlang der 45°-Richtung entnommen werden kann. Sowohl das Temperaturprofil in der 0°- als auch 45°-Richtung zeigen ein Temperaturplateau, welches sich im Wesentlichen auf den runden Messbereich beschränkt. Die kleinen Schwankungen in den Temperaturprofilen resultieren aus Messfehler der Thermografie-Kamera. Diese misst die Oberflächentemperatur des Thermoelementes sowie Bereiche mit abweichenden Emissionskoeffizienten, an denen der Hochtemperaturlack ungleichmäßig dick aufgetragen oder gar abgelöst ist. Grundsätzlich verursacht der Temperaturgradient vom Messbereich zum Lastübertragungsring eine unterschiedliche thermische Ausdehnung. Der Lastübertragungsring weist somit eine geringere thermische Ausdehnung als das Probenzentrum auf und ruft im Messbereich Druckeigenspannungen hervor. Für den zylindrischen

Induktor sind höhere Druckeigenspannungen in der kreuzförmigen Probe zu erwarten, da der gesamte Lastübertragungsring kühler als der Messbereich ist. Der Flächeninduktor hingegen weist ausschließlich in den Belastungsachsen niedrigere Temperaturen als im Messbereich auf, so dass die Druckeigenspannungen geringer ausfallen. Die Druckeigenspannungen haben entsprechend Abschnitt 2.4 Konsequenzen auf die Spannungsberechnung nach dem „Teilentlastungsverfahren" und führen daher zu Ungenauigkeiten.

Eine weiterführende Betrachtung des Probenverhaltens unter der thermo-mechanischen Ermüdung soll anhand eines Temperaturzyklus in Form eines Dreieckprofils untersucht werden [190, 191]. Die Aufheiz- und Abkühlraten sind gegenüber dem Rampensignal reduziert. Für den Flächeninduktor wird die Temperatur zwischen 400 °C und 700 °C mit einer Heiz- und Abkühlrate von 3 K/s zykliert. Der Temperaturzyklus für den zylindrischen Induktor hat eine Heiz- und Abkühlrate von 2 K/s und wechselt zwischen 400 °C und 650 °C. Die Temperaturverläufe und Differenzen zum Sollwert werden ebenso für die Thermoelemente nach Abbildung 3.6 angegeben.

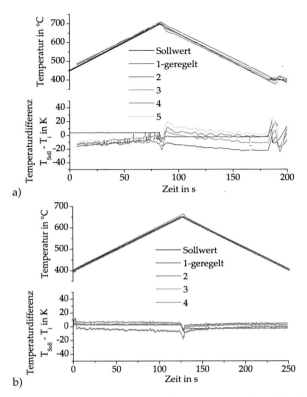

Abb. 3.9: Temperaturverlauf und Temperaturdifferenzen zum Sollwert für das Dreieckssignal für a) den Flächeninduktor und b) den zylindrischen Induktor.

Grundsätzlich ist zunächst festzustellen, dass sämtliche dargestellten Thermoelemente dem vorgegebenen Temperaturverlauf folgen. Für den Flächeninduktor erreicht allerdings nur das geregelte Thermoelement das Temperaturintervall von ± 5 K [192]. In der Aufheizphase ist für die Randbereiche, ebenso wie in der anisothermen Phase des Rampensignals, eine höhere Aufheizrate zu erkennen. Während der Abkühlphase ist das konträre Verhalten mit einer schnelleren Abkühlung der Randbereiche im Vergleich zum Messbereich festzustellen. Die Abweichungen zum Sollwert liegen in der Aufheizphase im Bereich von 15 K. Während der Abkühlphase stellen sich sogar Differenzen von ± 25 K ein. Erwartungsgemäß verursachen die Umkehrpunkte die höchsten Temperaturabweichungen.

Im Vergleich zum Flächeninduktor befinden sich beim zylindrischen Induktor während der Aufheiz- und Abkühlphase alle Thermoelemente im Temperaturintervall von ± 5 K. Ausschließlich die Umkehrpunkte führen zu Abweichungen im Bereich von 12 K. Das geregelte Thermoelement 1 sowie das Thermoelement 3 befinden sich nahezu permanent im Temperaturintervall von ± 3 K um den Sollwert. Demzufolge werden die Anforderungen des „code of practice" für die einachsige thermo-mechanische Ermüdung erfüllt [179–181]. Ebenso sind die Temperaturabweichungen von 12 K nicht als kritisch anzusehen, da Messungen von Andersson und Sjöström [193] im Querschnitt einachsiger Proben bei einer Heizrate von 2 K/s sogar Temperaturdifferenzen von bis zu 25 K ergaben.

Im Zuge der Absenkung der Heiz- und Abkühlraten sowie der Anpassung der Regelparameter lassen sich die Regelabweichungen soweit reduzieren, dass die Anforderungen vom zylindrischen Induktor erfüllt werden. Der Flächeninduktor hingegen bleibt für die thermo-mechanische Ermüdung ungeeignet [129, 130, 190, 191].

Die Ergebnisse zeigen, dass für den biaxial-planaren Prüfstand der zylindrische Induktor sowohl für die isotherme Hochtemperaturermüdung als auch für die thermo-mechanische Ermüdung zu bevorzugen ist. Zum einen stellt der zylindrische Induktor das Versagen im Messbereich sicher und zum anderen wird eine genauere Regelung erzielt. Erklären lässt sich das unterschiedliche Verhalten der Induktoren mit den entstehenden Wirbelströmen im Material, siehe Abbildung 3.5. Auf Grundlage der Ergebnisse wird der zylindrische Induktor sowohl für die biaxial-planare Hochtemperaturermüdung als auch die thermo-mechanische Ermüdung verwendet.

3.1.3 Versuchsdurchführung

Die biaxial-planaren Hochtemperaturermüdungsversuche werden totaldehnungsgeregelt unter mehreren proportionalen Beanspruchungen $\Phi(t)$ bei verschiedenen Temperaturen durchgeführt. Die Proportionalität ist nach Gleichung 2.12 definiert, wobei die Ermüdungsversuche unter einem konstantem (zeitunabhängigen) Proportionalitätsfaktor Φ realisiert wurden. Im Fall der isothermen Versuchsführung wurde ein konstantes Sollsignal vorgegeben. In Abbildung 3.10 werden die Sollwertverläufe für den äquibiaxialen Lastfall $\Phi = 1$ (Abbildung 3.10a), der Scherbelastung $\Phi = -1$ (Abbildung 3.10b) sowie der proportionalen Beanspruchung mit z.B. $\Phi = 0{,}5$ (Abbildung 3.10c) für die isotherme Hochtemperaturermüdung dargestellt. Weiterhin wird ein erster biaxial-planarer thermo-mechanischer Ermüdungsversuch durchgeführt. Als Lastfall wird die äquibiaxiale Beanspruchung mit einem phasengleichen Temperaturzyklus (In-Phase-Beanspruchung) zwischen 400 °C und 650 °C gewählt. Veranschaulicht wird der thermo-mechanische Sollsignalverlauf in Abbildung 3.10d. Im Gegensatz zur isothermen Hochtemperaturermüdung wird in der thermo-mechanischen Ermüdung nicht die Totaldehnung ϵ_{tot}, sondern die mechanische Dehnung ϵ_{mech} geregelt. Die Totaldehnung stellt eine Überlagerung von mechanischer und thermischer Dehnung ϵ_{ther} (thermische Ausdehnung) entsprechend Gleichung

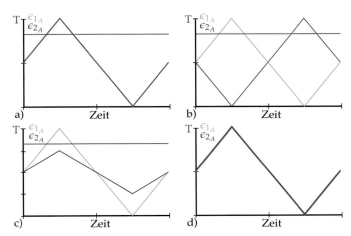

Abb. 3.10: Sollwertverläufe für a) Äquibiaxialen Lastfall, b) der Scherung, c) Proportionalen Lastfall von 0,5 und d) der thermo-mechanischen Beanspruchung.

3.1 dar.

$$\epsilon_{tot} = \epsilon_{mech} + \epsilon_{ther} \qquad (3.1)$$

Die biaxial-planaren isothermen Ermüdungsversuche von Waspaloy^{TM} wurden sowohl bei 400 °C als auch 650 °C durchgeführt. Für 400 °C wurden zwei proportionale Dehnungsverhältnisse mit $\Phi = 1$ (äquibiaxialer Lastfall) und $\Phi = -1$ (Scherung) untersucht. Neben dem äquibiaxialen Lastfall wurde bei 650 °C das proportionale Dehnungsverhältnis von $\Phi = 0,6$ geprüft. Die Versuchsparameter mit den Vergleichsdehnungsamplituden sind in Tabelle 3.1 zusammengefasst.

An IN738LC wurde ebenfalls das biaxial-planare Ermüdungsverhalten charakterisiert. Die Untersuchungen beschränkten sich auf 750 °C und zwei Dehnungsverhältnisse Φ. Bei den Dehnungsverhältnissen Φ von 1 (äquibiaxialer Lastfall) und -1 (Scherung) wurde jeweils ein Versuch mit einer Vergleichsdehnungsamplitude von 0,3 % durchgeführt.

Aus diesem Grund wurde vor den thermo-mechanischen Ermüdungsversuchen die thermische Dehnung für einen Temperaturzyklus unter kraftfreier Regelung bestimmt. Im Fall der biaxial-planaren Prüfung wurden die thermischen Dehnungen in beiden Achsen in Abhängigkeit von der Temperatur mit der controller-eigenen quadratischen Funktion (Funktion 9) approximiert. Auf Basis dieser Funktion wurde die Temperatur modal mit den Dehnungen verknüpft, so dass die thermische Dehnung in Gleichung 3.1 herausgerechnet wird und die mechanische Dehnung geregelt werden kann.

Die Dehnrate für die isothermen Hochtemperaturermüdungsversuche wurde mit

Tab. 3.1: Versuchsparameter der isothermen biaxial-planaren Ermüdungsversuche an Waspaloy™.

Dehnungs-verhältnis $\Phi = \frac{\epsilon_1}{\epsilon_2}$	Tempera-tur [°C]	Gesamt-dehnungs-amplitude Achse 1 ϵ_{1_A} [%]	Gesamt-dehnungs-amplitude Achse 2 ϵ_{2_A} [%]	Vergleichs-dehnungs-amplitude $\epsilon_V^{GEH}/2$ [%]
1	400	0,33	0,33	0,47
1	400	0,47	0,47	0,67
1	650	0,3	0,3	0,44
1	650	0,4	0,4	0,58
0,6	650	0,49	0,29	0,6
-1	400	0,34	-0,34	0,45
-1	400	0,5	-0,5	0,66

$10^{-3}\,s^{-1}$ als konstant festgelegt. Demzufolge schwankt die Prüffrequenz in Abhängigkeit von der Vergleichsdehnungsamplitude. Hingegen wird bei der thermo-mechanischen Ermüdung die Prüffrequenz von der Aufheiz- und Abkühlrate bestimmt. Nach Abschnitt 3.1.2 wurde eine Aufheiz- und Abkühlrate von 2 K/s festgelegt. Aus dem Temperaturzyklus von 400 °C bis 650 °C ergibt sich die Prüffrequenz zu 0,004 Hz, wodurch die Dehnrate über die Vergleichsdehnungsamplitude definiert wird. Die Prüfungen wurden unter Laboratmosphäre mit einer konstanten Temperierung von 20 °C durchgeführt.

Die biaxial-planare thermo-mechanische Ermüdung wurde an Waspaloy™ durchgeführt. Der thermische Zyklus mit der unteren und oberen Temperatur von 400 °C bzw. 650 °C hatte zur mechanischen Beanspruchung der Achse 1 keinen Phasenversatz, wodurch eine TMF In-Phase (IP)-Belastung vorlag. Für die mechanische Beanspruchung wurde das Dehnungsverhältnis Φ von 1 (äquibiaxialer Lastfall) zwischen beiden Achsen mit einer mechanischen Vergleichsdehnungsamplitude von 0,45 % gewählt.

Die biaxial-planaren Versuche wurden bis zu einem signifikanten Kraftabfall oder bis zum makroskopisch sichtbaren Riss durchgeführt, um sicherzugehen, dass ein Versagen aufgetreten ist. Die Lebensdauer bis zum technischen Anriss wurde in der Auswertung mit dem Teilentlastungsverfahren, siehe Abschnitt 2.4, anhand der berechneten Steifigkeit bestimmt. Ein Steifigkeitsabfall von 5 % definiert die Lebensdauer als Anrisszyklenzahl N_f. In der Arbeit von Henkel [102] wurde mit Replikatechnik nachgewiesen, dass für diesen Fall der technische Anriss eine Länge von etwa 2 mm hat. Die Rissinitiierung und das Risswachstum der ermüdeten Proben wurden im Rasterelektronenmikroskop (REM – MIRA 3 XMU von *Tescan*) untersucht. Die Rissorientierung zu den Belastungsachsen wurde mit dem elektronenoptischen Monitoring an einer Elektronenstrahl-Universalanlage (K26-15/80 von *pro beam*) dokumentiert.

3.2 Einachsige Werkstoffprüfungen

Neben der biaxial-planaren Prüfung wurden diverse einachsige Untersuchungen durchgeführt. Die Hochtemperaturermüdung wurde zur Ermittlung von Referenzdaten durchgeführt und dient dem Vergleich der biaxial-planaren Ergebnisse. Da die Werkstoffe in massiven Platten vorlagen, wurden zunächst Zylinder aus dem Material erodiert und anschließend die entsprechende Geometrie über Drehen hergestellt.

3.2.1 Zeitstandprüfung

Die statische Hochtemperaturprüfung wurde zur Ermittlung des Kriechverhaltens durchgeführt. Im Rahmen dieser Arbeit wurden zur Dehnungsmessung induktive Wegaufnehmer an den Kriechständen montiert und eine Datenaufzeichnung programmiert. Die mechanische Beanspruchung des Werkstoffes wird durch ein Hebelsystem in die Probe eingebracht, welche in Abbildung 3.11 zu sehen ist. Das He-

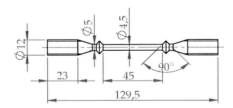

Abb. 3.11: Technische Zeichnung der Zeitstandprobe

belsystem bewirkt, dass während der gesamten Versuchsdauer eine konstante Kraft vorliegt. Daher nimmt die wahre Spannung, aufgrund der Querschnittsreduktion, kontinuierlich bis zum Versuchsende zu. Die Temperatur wird durch einen Ofen mit drei widerstandsbeheizten Zonen, die unabhängig voneinander geregelt werden, eingestellt. Der Sollwerte des Reglers für die jeweilige Heizzone wird durch das Referenzthermoelement Typ S an der Probe definiert. Wesentlich für eine fehlerfreie Messung ist, dass das Labor und die Dehnungsaufnehmer temperiert sind, da die induktiven Wegaufnehmer auf einer Halbbrücke geschaltet sind und keine temperaturkompensierte Dehnungsmessung vorliegt. Eine weitere Fehlerquelle sind die Heizimpulse, die ein magnetisches Feld erzeugen, welches auf die induktiven

Wegaufnehmer wirkt. Dadurch werden Sprünge im Messwertverlauf hervorgerufen, welche mit einem digitalen Filter, wie dem Medianfilter, leicht entfernt werden können.

Die beiden Nickelbasis-Superlegierungen wurden jeweils bei einer für alle Versuche konstanten Temperatur unter drei bzw. vier Kraftniveaus geprüft. Ein Teil der gebrochenen Proben wurde im Anschluss lichtmikroskopisch und mittels REM untersucht.

3.2.2 Warmzugprüfung

Die Zugprüfung stellt eine quasistatische Beanspruchung dar, wobei insbesondere bei erhöhten Temperaturen ein starker Dehnrateneinfluss besteht. Mit sinkender Dehnrate nimmt der Kriechanteil zu und die ermittelten Festigkeiten im Warmzugversuch ab. Die Temperatur wird, wie bei der Zeitstandprüfung, durch einen Ofen mit drei widerstandsbeheizten Zonen eingestellt, wobei die Probentemperatur mit drei Referenzthermoelementen vom Typ K gemessen wird. Die Prüfung wird an der spindelgetriebenen Prüfmaschine *Zwick Z020* unter Traversenwegregelung durchgeführt. Da die Probengeometrie, siehe Abbildung 3.12, eine mit 50 mm große parallele Messlänge und einen sehr kurzen Querschnittsübergang aufweist, kann mit der Wegregelung nahezu direkt die Dehnrate vorgegeben werden. Die Prüfung wur-

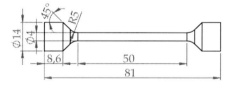

Abb. 3.12: Technische Zeichnung der Warmzugprobe

de für die beiden Nickelbasis-Superlegierungen bei mehreren Temperaturen und mehreren anfänglichen-Dehnraten durchgeführt. Die metallografischen Nachuntersuchungen wurden nur an ausgewählten Proben getätigt. Die Warmzugprüfung diente dem Abgleich mit Literaturdaten.

3.2.3 Hochtemperaturermüdung

Die einachsige Hochtemperaturermüdungsprüfung dienten sowohl der Bestimmung von Referenzdaten für die biaxial-planaren Ergebnisse als auch dem Abgleich mit Literaturdaten. Die Versuche werden an dem servohydraulischen Prüfsystem *MTS Landmark 100* (Abbildung 3.13) durchgeführt, welche eine Nennkraft von 100 kN besitzt. Das Prüfsystem ist mit einem Hochfrequenzgenerator mit einer Leistung von

5 kW und einen Außenschwingkreis ausgestattet, womit die Proben induktiv erwärmt werden. Die Schwingkreisfrequenz liegt für das System zwischen 100 KHz und 1000 kHz. In der verwendeten Konfiguration ist der zylindrische Induktor um die zylindrische Probe, siehe Abbildung 3.14, angeordnet, und es stellt sich eine Schwingfrequenz von 270 KHz bis 300 KHz ein. Diese Versuchskonfiguration ist sehr

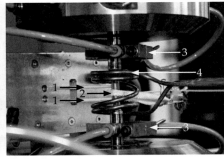

Abb. 3.13: Einachsiger Versuchsaufbau mit Dehnungsaufnehmer (1–Aluminiumoxidkeramikstäbe), Thermoelement (2–Typ K unter Siliziumoxidkeramikgewebe), Kupferspannbacken (3) und Induktor (4) für die isotherme und thermo-mechanische Ermüdung.

verbreitet und wird in der Literatur beschrieben [193–195]. Die Temperaturmessung erfolgt gemäß dem „code of practice" mit einem Thermoelement Typ K, bei welchem beide Drähte (Alumel und Chromel) an einem Ende zu einem Band bzw. einer Schlaufe zusammengeschweißt sind und in der Mitte um die Probe gelegt werden [179–181]. An die Probe wird das Thermoelement durch ein Siliziumoxidkeramikgewebe gezogen, welches zusätzlich eine Wärmeisolation zur Umgebung sicherstellt. Die Temperaturregelung wird von dem *MTS Mehrkanal-Controller Teststar IIs* übernommen, der ebenso die Dehnungsregelung übernimmt. Die Dehnung wird mit einem Feindehnungsaufnehmer erfasst, welcher über eine Feder und zwei Aluminiumoxidkeramikstäbe an der Probe befestigt wird. Ebenso wie bei der biaxial-planaren Hochtemperaturermüdung sind die Einstellung des Temperaturfeldes und der Temperaturgradient zum Übergangsbereich sowie zur Einspannung für das Versagen entscheidend, weshalb wassergekühlte Kupferspannbacken außerhalb der Messlänge an der Probe befestigt werden. Anhand des Abstandes zum Mittelpunkt Probe sowie des Wasserdurchflusses (Wassertemperatur 22 °C) können die Wärmeabfuhr, das Temperaturfeld und der Temperaturgradient angepasst wer-

Tab. 3.2: Versuchsparameter der isothermen Hochtemperaturermüdung von Waspaloy™.

Temperatur T [°C]	Versuchsart	Dehnungsamplitude (Zyklen) [%]
400	ESV	0,45; 0,6; 0,8
650	ESV	0,4; 0,6; 0,8
400 und 650	LSV	0,1 (100); 0,15 (100); 0,2 (75); 0,25 (75); 0,3 (60); 0,35 (60); 0,4 (50); 0,45 (50); 0,5 (30); 0,6 (25); 0,7 (25); 0,8 (20); 0,9 (20); 1,0 (20); 1,1 (20); 1,2 (20)

den. Der Versuchsaufbau für einachsige Hochtemperaturermüdungsversuche ist in Abbildung 3.13 dargestellt.

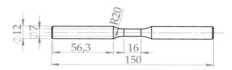

Abb. 3.14: Technische Zeichnung der thermo-mechanischen Ermüdungsprobe.

Die Herstellung der Probengeometrie durch das Drehen bedingt Drehriefen, welche bei der Ermüdung zum rauhigkeitsinduzierten Versagen führen können. Aus diesem Grund wurden die Proben elektrolytisch poliert, um die oberflächlichen Kerben und Eigenspannungen zu eliminieren. Das elektrolytische Polieren wurde bei -40 °C unter Verwendung eines Methanol-Butanol-Perchlorsäure-Elektrolyten durchgeführt. Der gewünschte oberfläche Abtrag von 100 μm stellte sich nach einer Polierzeit von 10 min bei einer Spannung von 35 V ein. Danach wurden die Proben durch mechanisches Polieren mit einer Diamantkorngröße von 3 μm auf der Drehbank im Messbereich, um 20 μm tailliert.

Die isothermen einachsigen Hochtemperaturermüdungsversuche wurden totaldehnungsgeregelt mit einer konstanten Dehnrate von 10^{-3} s^{-1} durchgeführt. Jede Legierung wurde bei der oberen und unteren Temperatur des thermo-mechanischen Temperaturzyklus isotherm ermüdet.

Das isotherme Ermüdungsverhalten bei erhöhten Temperaturen wurde von Waspaloy™ anhand von Einstufen- sowie Laststeigerungsversuchen (ESV bzw. LSV) charakterisiert. Die Versuche wurden bei der Ober- und Untertemperatur (650 °C bzw. 400 °C) der thermo-mechanischen Ermüdung für drei Dehnungsamplituden durchgeführt. Die Versuchsparameter sind in Tabelle 3.2 dargestellt.

Das Verhalten unter isothermer Ermüdung von IN738LC wurde bei zwei Tempera-

Tab. 3.3: Versuchsparameter der isothermen Hochtemperaturermüdung von IN738LC.

Temperatur [°C]	Dehnungsamplitude [%]
750	0,3; 0,4; 0,5; 0,6
950	0,2; 0,25; 0,3; 0,4

turen (750 °C und 950 °C) mit Einstufenversuchen charakterisiert. Die Temperaturen stellen, wie bei Waspaloy™, die Unter- und Obertemperatur der thermo-mechanischen Ermüdungsversuche dar. Sowohl für die untere als auch die obere Temperatur wurden jeweils vier Ermüdungsversuche mit unterschiedlichen Dehnungsamplituden durchgeführt, welche in Tabelle 3.3 zusammengefasst sind.

Die thermo-mechanische Ermüdung wurde, wie bereits unter dem biaxial-planaren Lastfall in Abschnitt 3.1.3 beschrieben, unter mechanischer Dehnungsregelung durchgeführt. Dazu wurde vor der thermo-mechanischen Ermüdung die thermische Dehnung in fünf Temperaturzyklen gemessen. Die thermischen Dehnung ϵ_{ther} wird für drei stabilisierte Temperaturzyklen $T(t)$ mittels Gleichung 3.2 approximiert.

$$\epsilon_{ther} = A + B\,T(t)^C \tag{3.2}$$

A, B und C sind Konstanten, die durch Approximation auf der Basis der kleinsten Fehlerquadrate bestimmt wurden. Die thermische Dehnung wurde entsprechend dieser Funktion als berechneter Kanal im MTS-Controller definiert. Ein weiterer berechneter Kanal war die mechanische Dehnung ϵ_{mech}, welche sich nach Gleichung 3.1 ergibt. Die Prüffrequenz der thermo-mechanischen Ermüdung richtet sich wie unter biaxial-planarer Beanspruchung nach der Aufheiz- und Abkühlrate. Grundsätzlich wird die Temperaturänderungsrate von der Abkühlung bestimmt, da die Wärmeabfuhr durch die Wärmeleitung und Konvektion begrenzt ist. In der Arbeit wurden sämtliche einachsige thermo-mechanischen Ermüdungsversuche mit einer Aufheiz- und Abkühlrate von 4 K/s gefahren. Über die gesamte Versuchsdauer stellten sich Temperaturabweichungen zum Sollwert von < ± 2,5 K ein.

Im Rahmen dieser Arbeit wurden zwei thermo-mechanische Belastungsfälle untersucht. Das ist einmal der phasengleiche mechanische Dehnungs- und Temperaturzyklus, auch IP-Beanspruchung (In-Phase) in der TMF-Prüfung genannt. Der zweite Fall ist die OP-Beanspruchung (Out-of-Phase), bei der ein Phasenversatz φ_T von 180° zwischen Dehnung- und Temperaturzyklus vorliegt. Die Sollwertverläufe sowie der Verlauf in der Temperatur-Dehnungs-Ebene sind für die beiden Belastungsfälle in Abbildung 3.15 dargestellt.

Das einachsige thermo-mechanische Ermüdungsverhalten von Waspaloy™ wurde

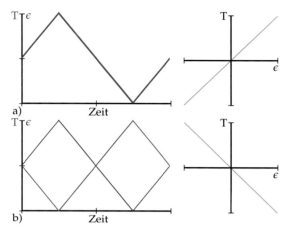

Abb. 3.15: Darstellung der Sollwertverläufe sowie des Verlaufs in der Temperaturdehnungsebene für den a) IP- und b) OP-Beanspruchungsfall der thermo-mechanischen Ermüdung.

sowohl für den In-Phase (IP)- als auch Out-of-Phase (OP)-Belastungsfall untersucht, siehe Abbildung 3.15. In beiden Belastungsfällen wurden drei mechanische Dehnungsamplituden 0,45 %; 0,6 % und 0,8 % geprüft. Der überlagerte thermische Zyklus hat als oberere Temperatur 650 °C und als untere Temperatur 400 °C.

Für IN738LC wurde das Ermüdungsverhalten unter einachsiger thermo-mechanischer Belastung, ebenso wie Waspaloy™ für die phasengleiche Beanspruchung (In-Phase IP) und einen Phasenversatz von 180° (Out-of Phase OP) zwischen dem mechanischen und thermischen Zyklus charakterisert. Die Obertemperatur und untere Temperatur des thermischen Zyklus war 950 °C bzw. 750 °C. Im Fall der OP-Belastung wurden vier Dehnungsamplituden von 0,15 %, 0,2 %, 0,25 % und 0,3 % geprüft. Für die IP-Belastungen wurden größere Dehnungsamplituden von 0,25 %, 0,3 %, 0,35 % und 0,4 % untersucht.

3.3 Versuchswerkstoffe

Die im Rahmen der Arbeit untersuchten Werkstoffe sind polykristalline Nickelbasis-Superlegierungen. Typischerweise erfolgt die Herstellung von qualitativ hochwertigem Nickelbasis-Rohmaterial über einen mehrstufigen (dreistufigen) Schmelzprozess. Grundsätzlich wird das Material zunächst im Vakuum mit Induktion erschmolzen, welches anschließend im Elektroschlacken-Umschmelzverfahren und abschließend im Vakuum-Lichtbogen-Umschmelzverfahren von Oxiden, Nitriden, Sei-

Tab. 3.4: Chemische Zusammensetzung in Gewichts-% der Nickelbasis-Superlegierung-Waspaloy™.

Ni	Cr	Co	Mo	Ti	Al	Zr	Si	C	Mn	B, S	P
bal.	18,5	11,6	5,1	3,0	1,8	0,12	0,6	0,02	0,04	<0,01	0,02

gerungen und Gaseinschlüssen bereinigt wird [66, 134]. Der dreistufige Schmelz-prozess stellt ein homogenes und fehlerfreies Rohmaterial sicher, das sowohl im Feinguss als auch in den Umformprozessen eingesetzt wird. Zum einen wurde die Schmiedelegierung Waspaloy™, welche in Gasturbinen im Flugzeugbau als Turbinenscheibenwerkstoff eingesetzt wird, untersucht [131, 132]. Als typischer Turbinenschaufelwerkstoff in Kraftwerksgasturbinen wurde zum anderen die Feingusslegierung IN738LC charakterisiert [131]. Details zu den Legierungen werden in den folgenden Abschnitten beschrieben.

3.3.1 Waspaloy™

Die warmumgeformte Nickelbasis-Superlegierung Waspaloy™ wurde von der *BÖHLER Edelstahl GmbH & Co. KG* mit der chemischen Zusammensetzung gemäß Tabelle 3.4 hergestellt. Das Material wurde bereits vom Hersteller bei 1040 °C für zwei Stunden lösungsgeglüht und als Grobblech mit 40 mm Dicke ausgeliefert. Um eine Vergleichbarkeit sicherzustellen, erfolgte die anschließende Auslagerung mit einer in Literatur und Normen vorgeschlagenen zweistufigen Wärmebehandlung. Die erste Auslagerungsstufe findet bei 850 °C mit einer Haltezeit von vier Stunden statt, in welcher die sekundären γ'-Teilchen wachsen. Eine weitere Ausscheidung von γ' aus dem übersättigten Mischkristall wird mit der zweiten Auslagerungsstufe bei 760 °C und einer Haltezeit von 16 Stunden erreicht, siehe Abschnitt 2.5.4. Nach der Wärmebehandlung beträgt der γ'-Volumenanteil ca. 20 % und die Teilchenform ist sphärisch mit einem Durchmesser von 50 - 200 nm [196, 197]. Weiterhin entstehen während der Auslagerung keine Karbide oder ungünstige Karbidfilme auf den Korngrenzen, siehe Abbildung 3.16a. Abbildung 3.16b zeigt, dass die Größenverteilung der Ausscheidungen gleichmäßig bimodal ist [197, 198]. Verantwortlich dafür ist die thermo-mechanische Behandlung während des Schmiedeprozesses, welche eine homogene Verteilung der Elemente und eine vollständige Lösungsglühbarkeit bewirkt [37]. Weiterhin liegen die Körner ohne Vorzugsorientierung (Textur) mit einer Größe von 10 bis 30 μm (ASTM 10 bis 12) und einer mittleren Korngröße von 15 μm vor, siehe Abbildung 3.17a. Die Orientierung der Körner im Ausgangszustand wurde im REM mittels Electron backscatter diffraction (EBSD) (Abbildung 3.17b) bestimmt und in der inversen Polfigur dargestellt, siehe Abbildung 3.17c.

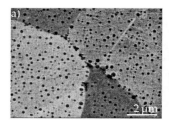 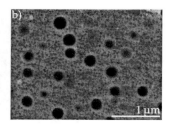

Abb. 3.16: Rasterelektronenmikroskopische Aufnahme der Mikrostruktur von Waspaloy™ mit a) gleichmäßiger γ'-Verteilung im Gefüge und b) bimodaler γ'-Größenverteilung.

Tab. 3.5: Chemische Zusammensetzung in Gewichts-% der Nickelbasis-Superlegierung-IN738LC.

Ni	Cr	Co	Ti	Al	W	Ta	Mo	Nb	C	Zr	B
bal.	16	8,5	3,4	3,4	2,6	1,7	1,7	0,9	0,11	0,05	0,01

3.3.2 IN738LC

Die Feingusslegierung IN738LC wurde im Gießereiinstitut der TU Bergakademie Freiberg mit der chemischen Zusammensetzung entsprechend Tabelle 3.5 abgegossen. Dazu wurde IN738LC mit 1460 °C in eine auf 900 °C vorgeheizte Keramikschale gegossen. Das Ausgangsmaterial von IN738LC wurde sowohl in Platten mit einer Dicke von 18 mm als auch Stufenkeile mit einer maximalen Dicke von 15 mm hergestellt. Aufgrund der großen Bauteildicken und der vorgeheizten Schale erfolgte die Abkühlung relativ langsam, so dass Korngrößen, gemessen nach dem Linienschnittverfahren, von 1,5 bis 3,5 mm resultieren [199], siehe Abbildung 3.18a. Charakteristisch für Gusslegierungen ist das dendritische Gefüge (Abbildung 3.18b), siehe Abschnitt 2.5.3, welches einen sekundären Dendritenarmabstand von 55 bis 75 µm aufweist [200]. Wie bereits in Abschnitt 2.5.3 beschrieben, reichert sich Wolfram im Dendritenkern an, und Ti, Ta, Mo, Nb sowie Zr befinden sich bevorzugt im interdendritischen Bereich, wobei die Verteilungskoeffizienten k für IN738LC in Bürgel [37] angegeben werden. Zr fungiert als korngrenzenstabilisierendes Element und befindet sich nahezu ausschließlich auf den Korngrenzen. Eine Folge der heterogenen Legierungselementverteilung ist, dass IN738LC nicht vollständig lösungsgeglüht werden kann. Die Teillösungsglühung von IN738LC fand unter Vakuum bei 1120 °C für zwei Stunden mit einer kontrollierten Abkühlung unter Stickstoff mit 50 K/min statt. Daran schloss sich eine Auslagerung bei 840 °C für 24 Stunden an. Während der Teillösungsglühung gehen ein Großteil der Karbide sowie die interdendritischen γ'-Ausscheidungen in Lösung. Die γ'-Ausscheidungen im Dendritenstamm und das γ/γ'-Eutektikum bleibt unverändert. Nach der Auslagerung bildete

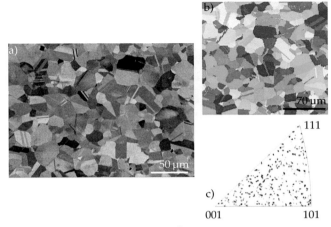

001   101

Abb. 3.17: a) Rasterelektronenmikroskopische Übersichtsaufnahme des Gefüges von Waspaloy™ und b) entsprechende Kornorientierungskarte auf Basis der EBSD-Messung. c) Darstellung der Kornorientierungen in der inversen Polfigur der Normalrichtung (Oberflächennormalen), wodurch von einer regellosen Orientierung (keine Vorzugsorientierung) auszugehen ist.

sich das für IN738LC typische Gefüge, siehe Abbildung 3.18c, mit einer bimodalen Größenverteilung der γ'-Ausscheidungen und einem γ'-Volumenanteil von 45 % [37, 172, 178, 201–204] aus. Der höhere γ'-Volumenanteil gegenüber Waspaloy™ ist mit

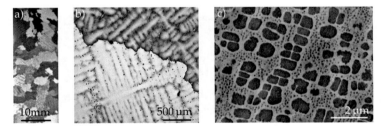

Abb. 3.18: Lichtmikroskopische Aufnahme a) des grobkörnigen Gefüges mit b) dendritischer Struktur von IN738LC. c) Rasterelektronenmikroskopische Aufnahme der sowohl kubischen als auch sphärischen γ'-Ausscheidungen mit bimodaler Größenverteilung.

dem höheren Anteil an Al, Ti, und Ta zu erklären. Die großen γ'-Ausscheidungen mit einer Seitenlänge von 450-550 nm nehmen eine kubische Form an. In den Matrixkanälen zwischen den kubischen γ'-Teilchen befinden sich die kleinen sphärischen γ'-Ausscheidungen mit einem Durchmesser von 50-100 nm [205]. Ebenso werden blockartige MC-Karbide aus W und Ta während der Erstarrung und der Auslagerung sowohl im Dendritenkern als auch auf den Korngrenzen gebildet [206].

4 Ergebnisse

In diesem Kapitel wird das Werkstoffverhalten für die Nickelbasis-Superlegierungen Waspaloy^{TM} und IN738LC für die einachsigen statischen und quasistatischen Untersuchungen sowie die isotherme und anisotherme Hochtemperaturermüdung dargestellt und mit Literaturdaten verglichen. Weiterhin erfolgt eine Gegenüberstellung der biaxial-planaren isothermen und anisothermen niederzyklischen Ermüdung mit dem einachsigen Werkstoffverhalten. Neben dem Werkstoffverhalten wird der Versagensmechanismus wird für die jeweilige Werkstoffprüfung und Nickelbasis-Superlegierung beschrieben. Ebenso wird eine Lebensdauerkorrelation für die isothermen und anisothermen Ermüdungsversuchen unter einachsigen und biaxial-planaren Beanspruchung mit verschiedenen Lebensdauermodellen angegeben.

4.1 Statische und quasistatische Werkstoffprüfung

4.1.1 Waspaloy^{TM}

Warmzugversuch

Das Warmzugverhalten von Waspaloy^{TM} wurde bei 400 °C, 550 °C und 650 °C mit einer anfänglichen Dehnrate von 10^{-3} s^{-1} untersucht. In Abbildung 4.1 sind die Fließkurven für alle drei Temperaturen dargestellt.

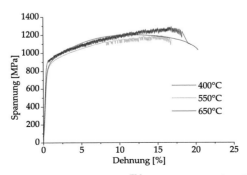

Abb. 4.1: Fließkurve von Waspaloy^{TM} bei 400 °C, 550 °C und 650 °C.

Die Kurvenverläufe bei 400 °C und 550 °C sind von Unstetigkeiten gekennzeichnet. Die Unstetigkeiten sind auf den Portevin–Le Chatelier-Effekt (dynamische Reckalterung) zurückzuführen, welcher bereits von Hayes und Hayes [207] für Waspaloy^{TM} beschrieben wurde. Hayes und Hayes machen für diesen Effekt die interstitiell gelösten Kohlenstoffatome verantwortlich, welche sich um die Versetzungen anordnen. Aufgrund des geringen Kohlenstoffanteils in der chemischen Zusammensetzung stammt der Kohlenstoff aus der Umgebung und diffundiert entlang der Versetzungskerne zu den γ'-Ausscheidungen. An den Ausscheidungen interagieren die Kohlenstoffatome mit den Versetzungen, so dass die Versetzungen gepinnt werden und sich für die Versetzungsbewegung losreißen müssen. Das Losreißen manifestiert sich in der Fließkurve als plötzlicher Spannungsabfall [207–209]. Bei 400 °C ist aus dem Fließkurvenverlauf zu erkennen, dass der Portevin–Le Chatelier-Effekt bereits mit Erreichen der Dehngrenze einsetzt. Bei 550 °C hingegen setzt die dynamische Reckalterung erst verzögert mit Erreichen einer Dehnung von etwa 7 % ein. Das verzögerte Einsetzen des Portevin–Le Chatelier-Effektes ergibt sich nach Hayes und Hayes [207] für höhere Temperaturen, geringere Dehnraten sowie geringere γ'-Ausscheidungsabstände. Demzufolge wird der Portevin–Le Chatelier-Effekt mit zunehmender Temperatur unterdrückt, so dass bei 650 °C in der Fließkurve, entsprechend Abbildung 4.1, keine Unstetigkeiten mehr vorliegen. Die Ursache ist, dass mit höheren Temperaturen die interstitiell gelösten Atome mit der Versetzung mit-diffundieren und sich somit die Versetzungen für die Bewegung nicht losreißen müssen [208–210]. Die Werkstoffkennwerte für die Warmzugversuche sind in Tabelle 4.1 zusammengefasst.

Tab. 4.1: Kennwerte des Warmzugversuches der Nickelbasis-Superlegierung Waspaloy^{TM}.

Temperatur T [°C]	Dehngrenze $R_{p0,2}$ [MPa]	Zugfestigkeit R_m [MPa]	Bruchdehnung A_{Br} [%]
400	903	1264	20,1
550	848	1205	15,3
650	850	1194	19,8

Das Verhalten der Dehngrenze über der Temperatur zeigt, dass sie mit zunehmender Temperatur von 400 °C auf 550 °C geringfügig abnimmt und bis 650 °C auf dem Festigkeitsniveau bleibt. Damit bestätigen die Ergebnisse den Kurvenverlauf nach Breadmore [160], siehe Abbildung 2.12, für einen γ'-Anteil von 20 %. Die Zugfestigkeit zeigt ein ähnliches Verhalten und sinkt mit zunehmender Temperatur. Der Vergleich der Festigkeitskennwerte $R_{p0,2}$ und R_m mit den Literaturwerten von Borchert und Betz [211], Borchert et al. [212] und Cowles et al. [213] zeigt eine sehr gute Übereinstimmung. Für die Bruchdehnung stellt sich der minimale Wert bei 550 °C ein, so dass die Bruchdehnung sowohl zu niedrigeren als auch höheren Temperaturen zunimmt. Diese Tendenz wird ebenso in Borchert et al. [212] sowie in den Werkstoffdatenblättern von ATI bestätigt, und die Messwerte der Bruchdehnung stimmen weitestgehend mit der Literatur [211–213] überein.

Kriechversuche

Neben der quasistatischen Warmzugprüfung wurde die statische Zeitstandprüfung durchgeführt, um das Kriechverhalten von Waspaloy^{TM} zu charakterisieren. Die Versuche wurden bei 650 °C auf drei Spannungsniveaus mit Ausgangsspannungen σ_0 von 675 MPa, 725 MPa und 775 MPa durchgeführt. In Abbildung 4.2 sind die Kriechkurven als Kriechgeschwindigkeit über der Dehnung dargestellt.

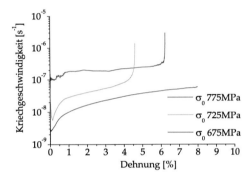

Abb. 4.2: Kriechkurven von Waspaloy^{TM} bei 650 °C für die drei Ausgangsspannungen 675 MPa, 725 MPa und 775 MPa.

Die Kriechkurve ist von einer anfänglichen Reduktion der Kriechgeschwindigkeit auf ein Minimum bei etwa 0,1 bis 0,2 % Dehnung und einer anschließenden Beschleunigung bis zu einer Dehnung von 0,8 % gekennzeichnet. Zwischen 0,8 % und dem Materialversagen, gekennzeichnet durch eine starke Zunahme der Kriechgeschwindigkeit, befindet sich ein Bereich mit einem stetigen Anstieg der Kriechgeschwindigkeit. In Tabelle 4.2 sind die resultierenden Bruchzeiten, Bruchdehnungen und die minimale Kriechgeschwindigkeit zusammengestellt.

Die Abhängigkeit der minimalen Kriechrate von der Ausgangsspannung wird im Norton-Diagramm, siehe Abbildung 4.3 dargestellt. Zum Vergleich werden die Daten von Wilshire und Scharning [214] gegenübergestellt.

Der Vergleich zeigt, dass die minimale Kriechgeschwindigkeit $\dot{\epsilon}_{min}$ für eine Ausgangsspannung von 775 MPa übereinstimmt. Mit niedrigeren Ausgangsspannungen nehmen die Abweichungen zur Literatur zu, wobei die minimale Kriechgeschwindigkeiten geringer sind. Demzufolge ist der Anstieg zwischen den Literaturdaten

Tab. 4.2: Kennwerte der Kriechversuche bei 650 °C der Nickelbasis-Superlegierung Waspaloy™.

Ausgangsspannung σ_0 [MPa]	Bruchzeit t_{Br} [h]	Bruchdehnung A_{Br} [%]	minimale Kriechgeschwindigkeit $\dot{\varepsilon}_{min}$ [1/s]
675	768	4,7	– (negatives Kriechen)
675	1338	8,1	$2,5 \cdot 10^{-9}$
725	430	4,7	$5,53 \cdot 10^{-9}$
775	93	6,3	$9,84 \cdot 10^{-8}$

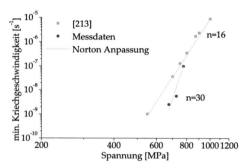

Abb. 4.3: Norton-Diagramm von Waspaloy™ für die minimale Kriechgeschwindigkeit mit Literaturdaten von Wilshire und Scharning [214].

und Messdaten unterschiedlich. Er wird mit dem Potenzgesetz nach Norton entsprechend Gleichung 4.1 beschrieben [215].

$$\dot{\varepsilon}_{min} = C_n \sigma_0^n \qquad (4.1)$$

Wilshire und Scharning [214] haben den Anstieg für den Datensatz bei 650 °C mit einem Norton-Exponent n nicht explizit angegeben. In der Veröffentlichung [214] ist nur erkenntlich, dass der Norton-Exponent n etwas kleiner als 18 ist. Eine Anpassung auf Basis des Potenzgesetzes nach Norton ergibt einen Exponenten n von rund 16. Hingegen führen die Ergebnisse dieser Arbeit zu einem Norton-Exponenten n von rund 30. Nabarro [216] zeigt, dass für Versetzungskriechen für reine Metalle keine eindeutige Abgrenzung auf Basis des Norton-Exponenten möglich ist. In mehrphasigen Werkstoffen, wie den ausscheidungsgehärteten Nickelbasis-Legierungen, liegen die Werte des Spannungsexponentens in einem weiten Bereich vor [214, 217]. Demzufolge sind Abweichungen des Norton-Exponenten n von 5 relativ häufig zu finden. Für den Bereich des power law breakdowns hat Reppich [218] gezeigt, dass teilchengehärtete Legierungen einen höheren Spannungsexponenten besitzen. Eine Ursache für den hohen Norton-Exponenten der Messdaten ist zum einen die Umordnung von Ni und Cr zu Ni_2Cr [219–221] als auch die weitere γ'-Ausscheidung aus dem übersättigten Mischkristall [42, 222, 223] bei der Kriechtemperatur von 650 °C. Nach Marucco und Nath [220] spielt die γ'-Ausscheidung keine Rolle, allerdings beschränken sich ihre Messungen auf Temperaturen unterhalb 550 °C. Beide Mechanismen verursachen eine Volumenkontraktion, die der Kriechverformung überlagert ist. Diese Erscheinung wird in der Literatur [42, 219, 223] als negatives Kriechen bezeichnet. Demzufolge werden insbesondere bei niedrigen Spannungen zu geringe minimale Kriechraten oder sogar negative minimale Kriechraten [219] gemessen. Mit zunehmender Spannung bzw. Kriechgeschwindigkeit ist die Reduktion der minimalen Kriechgeschwindigkeit durch die Volumenkontraktion vernachlässigbar. Wilson und Ferrari [219] konnten sogar negative Kriechdehnungen von 0,2 % an Waspaloy^{TM} messen.

Nach Reppich [218] ist davon auszugehen, dass als Verformungsmechanismus das Versetzungskriechen vorliegt und die Versetzungen die γ'-Teilchen schneiden oder mit dem Orowan-Mechanismus umgehen. Da die γ'-Teilchen in Waspaloy^{TM} einen Durchmesser von 50 - 200 nm haben, ist der Schneidmechanismus dominierend.

Die Extrapolation von Zeitstandergebnissen für höhere Standzeiten erfolgt üblicherweise anhand des Larson-Miller-Parameters P, siehe Gleichung 4.2.

$$P = T\left(C_{LM} + log\, t_{Br}\right) \tag{4.2}$$

In den Parameter P gehen die Temperatur T in K, die Bruchzeit t_{Br} und eine Materialkonstante C_{LM}, welche erfahrungsgemäß als 20 angenommen wird [37], ein. Der Larson-Miller-Parameter wird in Abbildung 4.4 über der Ausgangsspannung mit den Literaturdaten von Yao et al. [224], Wilshire und Scharning [214] und Berger et al. [225] dargestellt. Yao et al. haben ebenso die Materialkonstante C_{LM} mit 20 angenommen. Die Larson-Miller-Parameter für Wilshire und Scharning sowie Berger et al. wurden auf Basis ihrer Daten berechnet.

Der Vergleich der Literaturdaten mit den Messwerten in Abbildung 4.4 zeigt eine sehr gute Übereinstimmung. Allerdings sind die Messwerte gegenüber den Daten von Wilshire und Scharning und Yao et al. zu höheren Larson-Miller-Parametern verschoben. Demzufolge führen die geringeren Kriechgeschwindigkeiten nach Abbildung 4.1 gegenüber Wilshire und Scharning zu höheren Bruchzeiten t, welche nach Gleichung 4.2 logarithmisch in den Larson-Miller-Parameter eingehen. Weiterhin ist in Abbildung 4.4 zu erkennen, dass eine eindeutige Beschreibung des Versagens auf Basis des Larson-Miller-Parameters möglich ist. Der untersuchte Temperaturbereich reicht von 600 °C bis 815 °C. Für die detaillierten Daten wird auf Yao et al. [224] sowie Wilshire und Scharning [214] verwiesen.

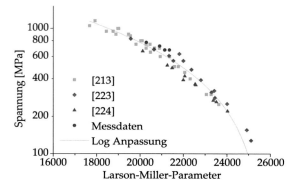

Abb. 4.4: Zeitstandverhalten von Waspaloy™ auf Basis des Larson-Miller-Parameters mit Daten von Yao et al. [224], Wilshire und Scharning [214] und Berger et al. [225].

Versagen von Waspaloy™ unter quasistatischer und statischer Beanspruchung

Gleitspuren an der Oberfläche beim Zugversuch werden in Abbildung 4.5 dargestellt. Die REM-Aufnahmen zeigen, dass das Versagen von den Gleitstufen der aktiven Gleitsysteme ausgeht, welche auf der Korngrenze Fehlstellen verursachen. An den Fehlstellen findet die Rissinitiierung statt. Das Risswachstum verläuft sowohl entlang der Korngrenzen als auch entlang der Gleitbänder.

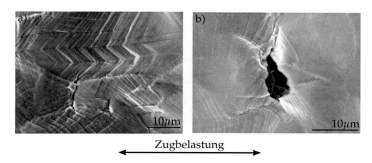

Abb. 4.5: REM-Aufnahme a) der Gleitstufen der aktiven Gleitsysteme, welche b) Fehlstellen an einer Korngrenze erzeugen, von denen die Rissinitiierung ausgeht.

Hingegen ist das Versagen bei den Kriechversuchen von einem interkristallinen Rissverlauf gekennzeichnet. Zurückzuführen ist das Verhalten auf die schnelle Diffusion der Sauerstoffatome entlang der Korngrenze, welche zu Oxidationsprodukten vom Typ Cr_3O_2 auf den Korngrenzen führen, die eine versprödende Wirkung haben. In Abbildung 4.6 ist ein für Zeitstandversuche exemplarischer Rissverlauf zu sehen.

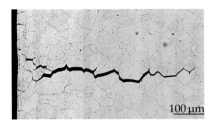

Abb. 4.6: Lichtmikroskopische Aufnahme einer gebrochenen Zeitstandprobe mit interkristallinem Risswachstum, $T = 650\,°C$, Ausgangsspannung $\sigma_0 = 728\,MPa$.

4.1.2 IN738LC

Warmzugversuch

Die gegossene Nickelbasis-Superlegierung IN738LC wurde im Warmzugversuch bei 750 °C, 850 °C und 950 °C mit jeweils zwei Dehnraten von 10^{-4} s^{-1} und 10^{-5} s^{-1} charakterisiert. Die resultierenden Fließkurven werden in Abbildung 4.7 dargestellt.

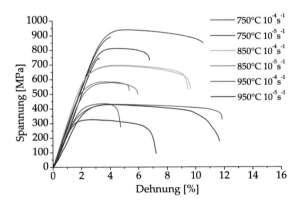

Abb. 4.7: Fließkurven von IN738LC bei 750 °C, 850 °C und 950 °C für jeweils die beiden Dehnraten von 10^{-4} und 10^{-5}.

Für alle Temperaturen und beide Dehnraten sind die Fließkurven von IN738LC dadurch gekennzeichnet, dass der Werkstoff mit Erreichen der Dehngrenze eine relativ kurze Verfestigungsphase aufweist und somit stellen sich die Zugfestigkeiten für geringe Dehnungen ein. Anhand der Parallelversuche mit gleichen Versuchsparametern werden insbesondere für die Bruchdehnung große Streuungen deutlich. Die Ursache für die beachtlichen Schwankungen der Bruchdehnung ist die große Korngröße von 1,5 bis 3,5 mm, siehe Abschnitt 3.3.2, bezogen auf den geringen Probenquerschnitt mit einen Durchmesser von 4 mm. Demzufolge liegen wenige Körner

Tab. 4.3: Kennwerte der Warmzugversuche an der Nickelbasis-Superlegierung IN738LC.

Temperatur T [°C]	Dehngrenze $R_{p0,2}$ [MPa]	Zugfestigkeit R_m [MPa]	Bruchdehnung A_{Br} [%]
Dehnrate 10^{-4} s^{-1}			
750	806	891	0,8
750	835	940	7,4
850	584	692	7,9
850	591	697	7,6
950	354	431	10,4
950	391	436	3,5
Dehnrate 10^{-5} s^{-1}			
750	742	745	0,3
750	729	812	4,1
850	504	585	3,5
850	509	579	4
950	300	327	6,7
950	374	430	10,6

bzw. teilweise nur ein Korn im Querschnitt vor, wodurch das Versagen maßgeblich beeinflusst wird. Details werden später betrachtet. Weiterhin bewirken die wenigen Körner im Querschnitt eine Textur der Zugproben im Messbereiche. Infolge dieser Textur stellt sich aufgrund der Anisotropie des E-Moduls ein unterschiedlicher elastischer Anstieg in der Spannungs-Dehnungs-Kurve ein. Die Fließkurven für die unterschiedlichen Dehnraten bestätigen die bekannte Dehnratenabhängigkeit bei hohen Temperaturen, dass mit kleiner Dehnrate die Festigkeiten abnehmen. Die Kennwerte der Warmzugversuche inklusive der Parallelversuche sind in Tabelle 4.3 zusammengefasst.

Der Vergleich mit Literaturdaten von Bettge [202] und Liu und Zheng [226] zeigt bei den Festigkeitswerten (Dehngrenze und Zugfestigkeit) eine gute Übereinstimmung. Die gemessenen Bruchdehnungen bei 750 und 850 °C sind allerdings geringer als die Daten von Bettge. Das Festigkeitsverhalten in Abhängigkeit von der Temperatur zeigt für den getesteten Temperaturbereich mit steigender Temperatur eine Abnahme sowohl der Dehngrenze als auch der Zugfestigkeit. Damit wird der temperaturabhängige Dehngrenzenverlauf nach Beardmore [160] für etwa 40 % γ'-Anteil bestätigt, wie auch für IN738LC in den Studien von Sharghi-Moshtaghin und Asgari [227] sowie Liu und Zheng [226] dargestellt. Ebenfalls zeigt die Bruchdehnung eine Temperaturabhängigkeit, wonach sich die Bruchdehnung für 750 °C und 850 °C auf dem selben Niveau befindet und für 950 °C zunimmt. Dieses Verhalten bestätigen die von Liu und Zheng [226] und Sharghi-Moshtaghin und Asgari [227] gefundenen Ergebnisse.

Weiterhin haben Sharghi-Moshtaghin und Asgari [228] in einem Temperaturbereich von 350 bis 450 °C, wie bei Waspaloy™, Unstetigkeiten in der Fließkurve nachgewiesen, welche auf den Portevin–Le Chatelier-Effekt zurückzuführen sind. Außerhalb des Temperaturbereiches verschwinden die Unstetigkeiten in der Fließkurve.

Kriechversuche

Mit Hilfe der Zeitstandprüfung wurde das Kriechverhalten von IN738LC für 760 °C auf vier Lastniveaus mit einer Ausgangsspannung σ_0 von 605 MPa, 550 MPa, 510 MPa und 475 MPa untersucht. Die Ergebnisse sind in Abbildung 4.8 als Kriechkurven in Form der Kriechgeschwindigkeit über der Dehnung dargestellt.

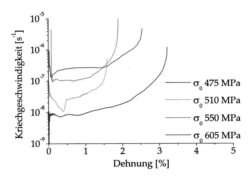

Abb. 4.8: Kriechkurven von IN738LC bei 760 °C für die vier Ausgangsspannungen 475 MPa, 510 MPa, 550 MPa und 605 MPa.

Erwartungsgemäß sinkt anfänglich für alle Lastniveaus die Kriechgeschwindigkeit auf ein Minimum. Dabei stellt sich die minimale Kriechrate für Versuche mit hoher Ausgangsspannung 605 MPa und 550 MPa zwischen 0,1-0,2 % Dehnung ein und verschiebt sich für die niedrigeren Spannungen zu einer Dehnung von 0,4 %. Im Anschluss an die minimale Kriechrate verharren die Versuche mit einer Ausgangsspannung von 550 MPa und 475 MPa bis etwa 0,8 % Dehnung auf diesem Kriechgeschwindigkeitsniveau, und es folgt eine kontinuierliche Zunahme der Kriechgeschwindigkeit bis zum Versagen. Für die Ausgangsspannung von 605 MPa folgt der minimalen Kriechrate bis etwa 0,6 % Dehnung eine Zunahme der Kriechgeschwindigkeit, welche bis etwa 1,5 % nahzu konstant bleibt und danach bis zum Versagen stetig zunimmt. Im Fall des Kriechversuches mit einer Ausgangsspannung von 510 MPa folgt dem Kriechgeschwindigkeitsminimum eine Unstetigkeit im Verlauf, welche auf ein lokales Versagen zurückgeführt wird. Zunächst stabilisiert sich die Kriechgeschwindigkeit nach dieser Singularität wieder, allerdings schließt sich aufgrund des lokalen Versagens direkt der Bereich der exponentielle Zunahme der

Tab. 4.4: Kennwerte der Kriechversuche bei 760 °C der Nickelbasis-Superlegierung-IN738LC.

Ausgangsspannung σ_0 [MPa]	Bruchzeit t_{Br} [h]	Bruchdehnung A_{Br} [%]	minimale Kriechge-schwindigkeit $\dot{\varepsilon}_{min}$ [1/s]
475	646	3,4	$7{,}3\ 10^{-9}$
510	168	1,7	$1{,}05\ 10^{-8}$
550	41	2,1	$9{,}21\ 10^{-8}$
605	24	2,7	$1{,}29\ 10^{-7}$

Kriechgeschwindigkeit bis zum globalen Versagen an. Die Kennwerte, wie Bruchzeit, Bruchdehnung und minimale Kriechgeschwindigkeit, sind in Tabelle 4.4 zusammengefasst.

Die Spannungsabhängigkeit der minimalen Kriechrate $\dot{\varepsilon}_{min}$ wird im Norton-Diagramm, siehe Abbildung 4.9, dargestellt. In Abbildung 4.9 sind zusätzlich Literaturdaten von Castillo et al. [229] sowie Basoalto et al. [230] eingetragen. Basoalto et al. haben IN738LC in gerichtet erstarrter Form bei 750 °C untersucht. Daher ist davon auszugehen, dass die minimalen Kriechraten etwas geringer sind.

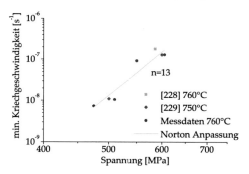

Abb. 4.9: Norton-Diagramm von IN738LC für die minimale Kriechgeschwindigkeit mit Literaturdaten von Castillo et al. [229] und Basoalto et al. [230].

Die Gegenüberstellung der minimalen Kriechrate zeigt, dass der Datenwert von Castillo et al. [229] und die Messwerte zusammenfallen. Auf Basis dieser Daten wird das Potenzgesetz nach Norton entsprechend Gleichung 4.1 bestimmt und als graue Linie in Abbildung 4.9 eingetragen. Im Vergleich zur Approximation liegen die minimalen Kriechgeschwindigkeiten von Basoalto et al. [230] wie erwartet etwas niedriger und befinden sich im Streubereich der Messdaten, wodurch die Abweichungen nicht signifikant sind. Da die Literaturdaten von Basoalto et al. parallel zur Norton-Anpassung verschoben sind, liegt der gleiche Anstieg und somit ein Norton-Exponent von etwa 13 vor. Damit liegt der Spannungsexponent im typischen Bereich für Nickelbasis-Superlegierungen [218]. Einige Beispiele für den Spannungsexponenten sind in Ajaja et al. [217] zu finden. Aufgrund des Norton-Exponenten von 13 erfolgt nach Reppich [218] die Verformung über Versetzungen, welche die großen γ'-Teilchen von IN738LC mit dem Orowan-Mechanismus umgehen.

Eine Vorhersage sowie Extrapolation der Standzeit erfolgt anhand des Larson-Miller-Parameters P, siehe Gleichung 4.2. Ebenfalls wie für Waspaloy™ wird die Materialkonstante C_{LM} als 20 angenommen. Wie bereits beschrieben, wird dieser Wert für Nickelbasis-Superlegierungen üblicherweise [42] und in der Literatur von Liu und Zheng [226] für IN738LC verwendet. Neben den Messdaten und den Literaturwerten von Liu und Zheng werden die Larson-Miller-Parameter von Stevens und Flewitt [178, 231], Basoalto et al. [230] sowie Castillo et al. [229] berechnet und in Abbildung 4.10 dargestellt.

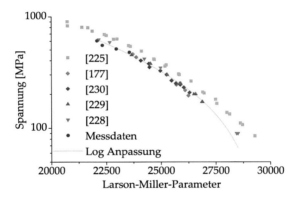

Abb. 4.10: Zeitstandverhalten von IN738LC auf Basis des Larson-Miller-Parameters mit Daten von Liu und Zheng [226], Stevens und Flewitt [178, 231], Basoalto et al. [230] und Castillo et al. [229].

Die Literaturwerte von Stevens und Flewitt [178, 231], Basoalto et al. [230] sowie Castillo et al. [229] sind mit den eigenen Messdaten identisch. Auf Basis dieser Literatur- und der gemessenen Daten wurde eine logarithmische Anpassung vorgenommen und in Abbildung 4.10 dargestellt. Die Daten von Liu und Zheng [226] wurden dabei nicht berücksichtigt, da diese im Vergleich zu den restlichen Werten höhere Larson-Miller-Parameter bestimmt haben. Somit ist der von Liu und Zheng geprüfte Werkstoffzustand von IN738LC versagenstoleranter. Leider werden in der Studie keine detaillierten Angaben zur Wärmebehandlung und Mikrostruktur gegeben, so dass kein Rückschluss auf die Ursache möglich ist. Allerdings wird in der Arbeit von Kloos et al. [232] anhand des Larson-Miller-Schaubildes für die Zeitdehngrenze von IN738LC deutlich, dass derartige Streuungen typisch sind.

Versagen von IN738LC unter quasistatischer und statischer Beanspruchung

Die großen Schwankungen in der Bruchdehnung der Warmzugversuche, siehe Abbildung 4.7 und Tabelle 4.3, wurden anhand der metallografischen Untersuchung der Bruchfläche analysiert. Grundsätzlich konnte festgestellt werden, dass die Anrisse bevorzugt in interdendritischen Bereichen und selten an Korngrenzen entstehen, siehe Abbildung 4.11.

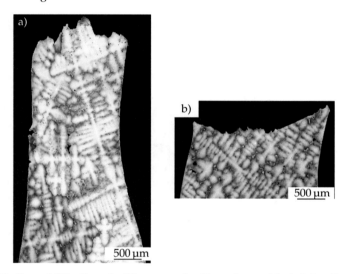

Abb. 4.11: Querschliff entlang der Warmzugprobenlängsachse, welche bei einer Temperatur von 850 °C und einer Dehnrate von 10^{-4} s^{-1} geprüft wurden. a) Probe mit hoher Bruchdehnung und mehreren Körnern im Querschnitt. b) Warmzugversuch mit geringer Bruchdehnung mit quasi-„einkristallinem " Probenquerschnitt.

Der Rissfortschritt verläuft transkristallin, und überwiegend entlang der interdendritischen Bereiche und teilt vereinzelt die Dendritenstämme. Demzufolge sind das Seigerungsverhalten und das Speisungsverhalten zwischen den Dendritenstämmen für IN738LC versagensrelevant. Der entscheidende Unterschied zwischen den Warmzugversuchen mit hoher und niedriger Bruchdehnung ist die Anzahl der Körner im versagten Querschnitt. Im Fall eines einzelnen Korns im Querschnitt, siehe Abbildung 4.11a, verschlechtert sich die Bruchdehnung drastisch. Liegt ein zweites Korn in der Bruchfläche, siehe Abbildung 4.11b, steigt die Bruchdehnung auf Werte, die vergleichbar mit der Literatur sind. Eine mögliche Erklärung für dieses Verhalten wurde durch Woodford und Frawley [233] gegeben, die den Einfluss der Kornorientierung von IN738LC untersucht haben. Sie haben festgestellt, dass Körner, die eine Wachstumsrichtung und Korngrenzen parallel zur Probenachse haben, zu den höchsten Bruchdehnungen führen. Senkrecht oder diagonal zu Probenachse ausgerichtete Körner hingegen bewirken eine erhebliche Reduktion der Bruchdehnung. Im Fall der statischen Beanspruchung bei 760 °C geht entsprechend Abbildung 4.12 das Versagen von interdendritischen Bereichen aus. Die Ausgangsorte der Anrissbil-

Abb. 4.12: Bruchfläche von IN738LC unter statischer Beanspruchung mit transkristallinen Risswachstum und -initiierung innerhalb des interdendritischen Bereiches in eine Querschliff entlang der Probenlängsachse, welche bei einer Temperatur von 760 °C mit einer Ausgangsspannung σ_0 von 475 MPa geprüft wurde.

dung unter Kriechbeanspruchung im interdendritischen Bereich sind an der Oberfläche sowie an oberflächennahen Defekten (Poren, Mikrolunker und Karbide) zu finden und meistens senkrecht zur Beanspruchung orientiert. Das Risswachstum findet bevorzugt entlang der interdendritischen Bereiche statt, welche aufgrund von Mikrolunkern, Karbiden und Poren geschwächt sind. In seltenen Fällen ist eine Risskoaleszenz zwischen den Interdendriten durch den Bruch von Dendritenstämmen zu finden. Infolge der großen Korngröße von IN738LC ist im Querschnitt nur ein Korn zu finden, wodurch ein transkristallines Risswachstum vorliegt. Die Korngrenzen sind somit gegenüber den Interdendriten nicht relevant für das Versagen. Im gesamten Querschliff (Abbildung 4.12) konnte keine Rissinitierung an einer Korngrenze gefunden werden.

4.2 Einachsige Hochtemperaturermüdung

In diesem Abschnitt wird das isotherme sowie das thermo-mechanische Ermüdungsverhalten für die Nickelbasis-Superlegierungen Waspaloy™ und IN738LC beschrieben und das Versagen charakterisiert.

4.2.1 Waspaloy™

Isotherme Hochtemperaturermüdung

Die Versuchsparameter der Hochtemperaturermüdungsversuche sind in Tabelle 3.2 dargestellt und die Versuchsführung wird in Abschnitt 3.2.3 beschrieben. Die Hysteresen bei halber Lebensdauer werden für die Einstufenversuche und die beiden Temperaturen in Abbildung 4.13 dargestellt. Zur Untersuchung des Masing-Verhaltens werden die Druckumkehrpunkte in den Koordinatenursprung gelegt [234]. Nach Masing liegt ein zyklisch stabiles Werkstoffverhalten vor, wenn die stabile Spannungs-Dehnungs-Hysterese um den Faktor zwei vergrößert wird und jegliche beliebige Dehnungsamplitude dem Kurvenverlauf bis zur Lastumkehr folgt [235, 236]. Die Belastungsäste für die unterschiedlichen Dehnungsamplituden sind

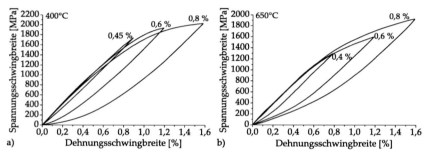

Abb. 4.13: Hysteresen bei $N_f/2$ für die Nickelbasis-Superlegierung Waspaloy™ für $R_\epsilon = -1$ bei a) 400 °C und b) 650 °C für jeweils drei Dehnungsamplituden.

für 400 °C, siehe Abbildung 4.13a, nicht deckungsgleich. Daher liegt für 400 °C kein Masing-Verhalten und somit kein zyklisch stabiles Werkstoffverhalten vor. Für 650 °C hingegen kommen die Belastungsäste der Hysteresen mit der Dehnungsamplitude 0,4 % und 0,6 % zur Deckung. Mit der größeren Dehnungsamplitude von 0,8 % geht die Deckungsgleichheit verloren. Demzufolge ist für kleine Dehnungen bei 650 °C die Masing-Hypothese gültig, wodurch sich alle Spannungs-Dehnungs-Hysteresen für eine beliebige Schwingbeanspruchung bestimmen lassen [234]. Bestätigt wurde das Masing-Verhalten für Nickelbasis-Superlegierungen für die Legierung PM 1000 von Heilmaier et al. [237] sowie für die Legierung GH4145/SQ Ye et al. [238]. Weiterhin zeigten Ye et al. [238] mit dem incremental step test, dass die Beschreibung nach Masing für hohe Dehnungsamplituden versagt.

Der Unterschied zwischen dem Werkstoffverhalten bei 400 °C und 650 °C ist auf die thermische Aktivierung der nicht-konservativen Versetzungsbewegung zurückzuführen. Dadurch können bei 650 °C Erholungsprozesse, wie die Annihilation von

Versetzungen, stattfinden und eine stabile Mikrostruktur ausbilden [239, 240].

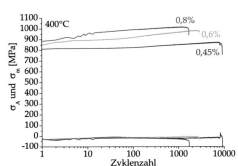

Abb. 4.14: Wechselverformungskurven und Mittelspannungsverläufe von Waspaloy™ unter einachsiger Beanspruchung bei 400 °C.

Das Wechselverformungsverhalten von Waspaloy™ ist für 400 °C und 650 °C separat in den Abbildungen 4.14 bzw. 4.15 dargestellt. Abbildung 4.14 zeigt die Verläufe der Spannungsamplitude σ_A sowie der Mittelspannung σ_m für 400 °C. Das zyklische Werkstoffverhalten ist von einer kontinuierlichen Verfestigung bis zum Versagen charakterisiert. Der Kurvenverlauf für die Dehnungsamplitude von 0,45 % weist eine Unstetigkeit auf, welche auf den einsetzenden Portevin–Le Chatelier-Effekt zurückzuführen ist. Entsprechend der Warmzugversuche, siehe Abbildung 4.1, ist der Portevin–Le Chatelier-Effekt in der Lage, derartig hohe Unstetigkeiten zu erzeugen, wie sie im Mittelspannungsverlauf zu erkennen sind. Dazu ist es erforderlich, dass der Portevin-Le-Chatelier Effekt in der Druckphase der Hysterese kurz vor der Lastumkehr auftritt und dadurch die Mittelspannung verschiebt. Ansonsten ist der Mittelspannungsverlauf für alle Dehnungsamplituden bei 400 °C davon gekennzeichnet, dass die anfänglichen Druckmittelspannungen um -25 MPa über die Versuchsdauer langsam abgebaut werden und erst gegen Ende der Lebensdauer wieder abnehmen.

Der Verlauf der Spannungsamplitude von Waspaloy™ bei 650 °C (Abbildung 4.15) zeigt für kleine Dehnungen (0,4 %) bis 100 Zyklen ein stabiles zyklisches Verhalten. Die größeren Dehnungsamplituden (0,6 % und 0,8 %) weisen in den ersten etwa 100 Zyklen eine kontinuierliche zyklische Verfestigung auf, die mit steigender Dehnungsamplitude zunimmt. In Anschluss an diesen Bereich sind die Wechselverformungskurven von einer zyklischen Entfestigung bis zum Versagen gekennzeichnet. Anfänglich liegen die Mittelspannungen im Druckbereich und nehmen betragsmäßig mit steigender Dehnungsamplitude zu. Im Verlaufe der Ermüdungsprüfung werden die Druckmittelspannungen für 0,6 % bzw. 0,8 % Dehnungsamplituden bis

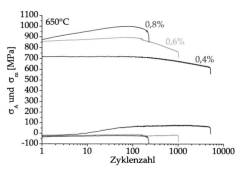

Abb. 4.15: Wechselverformungskurven und Mittelspannungsverläufe von Waspaloy™ unter einachsiger Beanspruchung bei 650 °C.

zum Bruch langsam abgebaut. Für die Dehnungsamplitude von 0,4 % ist eine kontinuierliche Zunahme der Mittelspannung und ein Wechsel von einer Druckmittel-(-20 MPa) zu einer Zugmittelspannung (70 MPa) zu sehen. Nach etwa 300 Zyklen hat sich die Zugmittelspannung von 70 MPa eingestellt und verbleibt bis zum Versagen auf diesem Spannungsniveau. Eine mögliche Erklärung für dieses Verhalten geht auf Bildung der Überstrukturphase Ni_2Cr zurück, welche durch Umordnungsprozesse bei 650 °C entsteht [219–221]. Da die Ni_2Cr-Phase eine kleinere Elementarzelle als der γ-Mischkristall besitzt, kommt es zu einer Volumenkontraktion, wie bereits beim Kriechen von Waspaloy™ beschrieben, siehe Abschnitt 4.1.1. Infolge der Dehnungsregelung bewirkt die Volumenkontraktion das Entstehen einer Zugmittelspannung. Offensichtlich beschränkt sich dieser Effekt auf kleine Dehnungsamplituden, welche kaum plastische Verformungen erzeugen. Mit zunehmender plastischer Dehnung entscheidet das Verfestigungsverhalten des Werkstoffes über die Spannungsantwort, so dass die geringe Volumenkontraktion aus der Bildung der Überstrukturphase keine Auswirkungen hat.

Das beschriebene Wechselverformungsverhalten bzw. der Verlauf der Spannungsamplitude entsprechen Untersuchungen von Cowles et al. [213] sowie Zamrik et al. [241].

Die zyklische Spannungs-Dehnungs-Kurve von Waspaloy™ ist für beide Temperaturen im Vergleich zur statischen Fließkurve in Abbildung 4.16 dargestellt. Zur Charakterisierung des zyklischen Spannungs-Dehnungs-Verhaltens werden sowohl Daten für die halbe Lebensdauer der Einstufenversuche sowie eine der letzten Zyklen auf dem jeweiligen Lastniveau der Laststeigerungsversuche verwendet. Die Unterschiede zwischen Laststeigerungs- und Einstufenversuch sind bei 400 °C sehr gering, so dass die Datenwerte in einer Kurve zusammenfallen. Die Deckungsgleich-

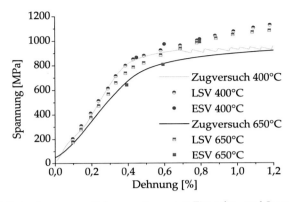

Abb. 4.16: Zyklische Spannungs-Dehnungs-Kurve aus Einstufen- und Laststeigerungsversuchen im Vergleich zur monotonen Beanspruchung bei 400 °C und 650 °C.

heit ist auf das Wechselverformungsverhalten bei 400 °C, siehe Abbildung 4.14, mit der geringfügigen kontinuierlichen Verfestigung zurückzuführen. Dieses relativ stabile Wechselverformungsverhalten lässt sich sehr gut durch einen Laststeigerungsversuch abbilden. Gegenüber dem Zugversuch bei 400 °C ist die zyklische Spannungs-Dehnungs-Kurve bis zur Dehngrenze deckungsgleich. Mit zunehmender plastischer Verformung zeigt sich eine stärkere Verfestigung unter zyklischer als auch unter monotoner Beanspruchung, da unter zyklischer Belastung höhere Versetzungsdichten resultieren [242].

Der Laststeigerungsversuch und die Einstufenversuche bei 650 °C kommen nur bei hoher Dehnung zur Deckung. Für kleine Dehnungsamplituden (0,4 % und 0,6 %) liegen die Spannungsamplituden unterhalb des Laststeigerungsversuchs. Die niedrigeren Spannungsamplituden in den ESV bei halber Lebensdauer sind auf die zyklische Entfestigung entsprechend dem Wechselverformungsverhalten in Abbildung 4.15 zurückzuführen, welches mit dem Laststeigerungsversuch aufgrund der geringen Zyklenzahl pro Lastniveau nicht abgebildet werden kann. Für die hohe Dehnungsamplitude von 0,8 % hat sich das Material zum Zeitpunkt der halben Lebensdauer kaum bzw. gar nicht entfestigt, so dass die Beschreibung der Spannungsamplitude mit dem Laststeigerungsversuch gelingt. Das zyklische Spannungs-Dehnungs-Verhalten aus dem Laststeigerungsversuch bei 650 °C zeigt im Vergleich zum Warmzugversuch bereits im elastischen Bereich höhere Spannungsamplituden, wobei die Abweichungen kontinuierlich mit steigender Dehnung zunehmen. Demzufolge ist von einer stärkeren zyklischen Verfestigung und somit von einer höheren Versetzungsdichte unter zyklischer Beanspruchung auszugehen. Bestätigt wird dieses Verhalten in Einstufenversuchen für die höchsten Dehnungs-

Tab. 4.5: Koeffizienten der Ramberg-Osgood-Gleichung für die Approximation der Spannungs-Dehnungs-Kurven von Waspaloy™ für 400 °C und 650 °C.

Versuchsart	400 °C		650 °C	
	n′	K′	n′	K′
statisch	0,047	1205	0,063	1258
ESV	0,062	1468	0,246	4210
LSV	0,092	1756	0,074	1503

amplituden. Im Gegensatz dazu sind die Spannungsamplituden der Einstufenversuche mit geringeren Dehnungsamplituden mit dem Zugversuch deckungsgleich und weisen somit keine höhere zyklische Verfestigung auf. Die Deckungsgleichheit der Dehnungsamplituden von 0,4 % und 0,6 % mit dem Zugversuch bestätigt das bereits in Abbildung 4.13 festgestellte Masing-Verhalten.

In der Literatur wurde das zyklische Spannungs-Dehnungs-Verhalten von Waspaloy™ von Clavel und Pineau [243] sowie Morrow und Tuler [244] untersucht und dabei die stärkere zyklische Verfestigung gegenüber dem Zugversuch sowohl bei Raumtemperatur als auch 550 °C und 650 °C nachgewiesen.

Eine Beschreibung des statischen und zyklischen Spannungs-Dehnungs-Verhaltens soll mit Hilfe der Ramberg-Osgood-Gleichung 4.3 wiedergegeben werden [245].

$$\epsilon = \frac{\sigma}{E} + \left(\frac{\sigma}{K'}\right)^{n'} \tag{4.3}$$

Die Approximation erfolgt auf Basis der Methode der kleinsten Fehlerquadrate durch Anpassung der Koeffizienten K′ und n′ der Ramberg-Osgood-Gleichung, welche in Tabelle 4.5 zusammengefasst sind. Im Fall der statischen Prüfung wurden die Datenwerte bis 1,2 % Dehnung berücksichtigt.

Die Darstellung der Lebensdauer erfolgt jeweils separat für beide Temperaturen als Dehnungswöhlerlinien für die Gesamtdehnung. Abbildung 4.17a zeigt die Dehnungswöhlerlinie von Waspaloy™ für 400 °C, welcher Literaturdaten von Dreshfield [246, 247] gegenübergestellt sind.

Gewöhnlich wird eine Beschreibung der Lebensdauer auf Basis der Dehnung durch die Basquin und Manson-Coffin-Gleichung 4.4 gegeben.

$$\epsilon_A = \frac{\sigma_f}{E}(2N_f)^b + \epsilon_f(2N_f)^c \tag{4.4}$$

Der Ermüdungsfestigkeitskoeffizient und -exponent σ_f und b sowie der Ermüdungsduktilitätskoeffizient und -exponent ϵ_f und c aus dem Basquin und Manson-Coffin (BMC)-Ansatz werden durch Approximation bestimmt. Auf eine Darstellung der Parameter der Lebensdauerbeschreibung nach Basquin und Manson-Coffin wird aufgrund der begrenzten Datenbasis verzichtet. Da die elastischen und plastischen Dehnungsanteile für die Literaturdaten von Dreshfield unbekannt sind, wird der Kurvenverlauf mit einer Funktion, welche denselben funktionalen Zusammenhang wie die Basquin und Manson-Coffin-Gleichung 4.4 hat, angenähert und in die Abbildung 4.17a eingetragen. Das Streuband von 2 wird, aufgrund der größeren Datenbasis, zur angenäherten Dehnungswöhlerlinie der Literaturdaten eingezeichnet. Die Gegenüberstellung zu Dreshfield [246, 247] zeigt, dass die Messwerte innerhalb des Streubandes liegen. Demzufolge hat die etwas höhere Prüftemperatur von 425 °C sowie die größere Korngröße von 30 bis 60 μm in den Literaturdaten von Dreshfield keinen signifikanten Einfluss auf die Lebensdauer.

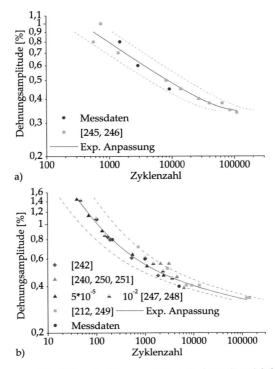

Abb. 4.17: Dehnungswöhlerlinien der Mess- und Literaturdaten (Dreshfield [246, 247], Clavel und Pineau [243], Bressers et al. [248, 249], Cowles et al. [213, 250] und Zamrik et al. [241, 251, 252]) von Waspaloy^{TM} a) bei 400 °C und b) 650 °C mit exponentieller Anpassung der Lebensdauer auf Basis der Literaturwerte und entsprechendem Streuband von 2.

In Abbildung 4.17b ist die Dehnungswöhlerlinie von Waspaloy^{TM} für 650 °C dargestellt. Zum Vergleich werden neben den eigenen Messdaten Literaturdaten aus einachsigen Versuchen von Clavel und Pineau [243], Bressers et al. [248, 249] sowie Cowles et al. [213, 250] und von Torsionsversuchen von Zamrik et al. [241, 251, 252] eingetragen. Die Untersuchung von Bressers et al. [248, 249] befasst sich mit dem Einfluss der Dehnrate auf das Ermüdungsverhalten von Waspaloy[TM], weshalb Dehnraten $\dot{\epsilon}$ von 10^{-2} s^{-1} und $5 \cdot 10^{-5}$ s^{-1} realisiert wurden. Hingegen wurden die Ermüdungsversuche von Clavel und Pineau [243] und Cowles et al. [213, 250] unter konstanten Frequenzen f von 0,05 Hz (Clavel und Pineau) und 0,3 Hz (Cowles et al.) durchgeführt, wodurch die Dehnrate mit der Dehnungsamplitude variiert. Die Torsions-Ermüdungsversuche von Zamrik et al. [241, 251, 252] wurden ebenfalls mit konstanter Frequenz f von 0,1 Hz gefahren. Zamrik et al., Cowles et al. und Bressers et al. haben ein Dreiecksignal für die Dehnungsregelung vorgegeben und Clavel und Pineau haben das Sollwertsignal der plastischen Dehnungsregelung nicht spezifiziert. Ebenfalls wie bei 400 °C wird auf Basis der Literaturdaten bei 650 °C eine Lebensdauerbeschreibung approximiert und in Abbildung 4.17b mit einem entsprechendem Streuband von 2 dargestellt.

Die gemessenen Lebensdauern auf den drei Dehnungsniveaus fallen jeweils in das Streuband und stimmen mit den einachsigen Literaturdaten überein. Ebenso liegen die Torsionslebensdauern von Zamrik innerhalb des Streubandes. Demzufolge befinden sich sämtliche Lebensdauern bei 650 °C in dem für Ermüdung typischen Streuband von 2, wodurch kein Einfluß der Dehnrate $\dot{\epsilon}$ auf die Lebensdauer vorliegt. Aus der Dehnratenunabhängigkeit der Lebensdauer bei 650 °C ist festzustellen, dass die Materialschädigung durch Kriechen unerheblich ist. Die thermische Langzeitstabilität von Waspaloy[TM] wurde von Mannan et al. [253] untersucht. In der Studie haben sie nachgewiesen, dass eine Langzeitstabilität bis 704 °C vorliegt und bestätigen damit, dass der Kriecheinfluss unter Ermüdung vernachlässigbar ist. Darüber hinaus unterscheiden sich die Werkstoffzustände von Waspaloy[TM] sowohl in dieser Arbeit als auch in der Literatur von der Korngröße. Zamrik et al. [241] hat zwei Korngrößen, 16 µm und 124 µm, geprüft. Hingegen haben sich die anderen Forschergruppen auf eine Korngröße beschränkt, Clavel und Pineau [243] auf 100 µm, Bressers et al. [248, 249] untersuchten Material mit einer Korngröße zwischen 10 µm und 50 µm sowie Cowles et al. [213] zwischen 50 µm und 80 µm. Mit der Literatur und den eigenen Untersuchungen wurde somit ein weites Spektrum an Korngrößen unter isothermer Ermüdung geprüft und keine signifikanten Auswirkungen auf die Lebensdauer gefunden. Die identische Feststellung kann aus den Ergebnissen von Ho et al. [254] für die Ermüdung von Waspaloy[TM] bei Raumtemperatur getroffen werden.

Der Vergleich der Dehnungswöhlerlinien in Abbildung 4.17a und b zeigt für 650 °C gegenüber 400 °C eine kürzere Lebensdauer, die im LCF Bereich um den Faktor 4-5 und im HCF-Bereich um den Faktor von circa 2 verkürzt ist. Ausschlaggebend für den Unterschied ist die bei 650 °C zunehmende Oxidation und die Veränderung der Rissausbreitung, welche im Abschnitt der Versagensanalyse genauer betrachtet wird.

Thermo-mechanische Ermüdung

Das thermo-mechanische Ermüdungsverhalten von Waspaloy^{TM} wurde entsprechend den angegebenen Versuchsdetails und Versuchsparameter in Abschnitt 3.2.3 durchgeführt.

Die Hysteresen bei halber Lebensdauer werden für beide Belastungsfälle (IP und OP) in Abbildung 4.18 gegenübergestellt. Zum Vergleich werden die Hysteresen der isothermen Ermüdungsversuche für 0,8 % Dehnung bei 400 °C (blaue Linie) und 650 °C (rote Linie) eingetragen. Die Gegenüberstellung mit den LCF-Versuchen zeigt, dass

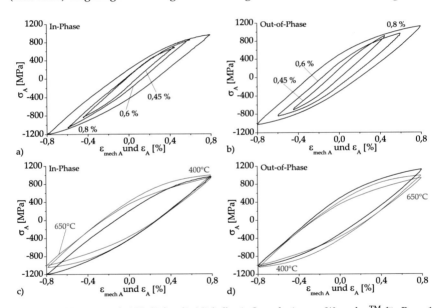

Abb. 4.18: Hysteresen bei $N_f/2$ für die Nickelbasis-Superlegierung Waspaloy^{TM} für $R_\epsilon = -1$ unter thermo-mechanischer Beanspruchung für den a) IP- und b) OP-Belastungsfall. In Rot (650 °C) und Blau (400 °C) sind die isothermen Hysteresen für eine Dehnungsamplitude von 0,8 % sowohl den c) IP- als auch d) OP-Belastungsfall gegenübergestellt.

die Spannungen bei 650 °C (IP die maximale Spannung und OP die minimale Spannung) etwa denen der isothermen LCF-Versuche sowohl für 400 °C als auch 650 °C entsprechen. Jedoch liegen die Spannungen betragsmäßig bei 400 °C leicht über und für 650 °C etwas unterhalb der Spannungswerte der TMF-Versuche, so dass der Mittelwert geeignet ist, um die maximale (IP) und minimale (OP) Spannung abzuschätzen. Eine Beschreibung der Spannungen der TMF-Versuche für 400 °C gelingt nicht, da die Spannungen der isothermen LCF-Versuche vom Betrag grundsätzlich niedriger als die minimale (IP) und maximale (OP) Spannung sind. Weiterhin impliziert dieses Ergebnis, dass zum Zeitpunkt der halben Lebensdauer größere Spannungsamplituden in den TMF-Versuchen vorliegen und sich für die Belastungsfälle IP eine Druckmittelspannung und für OP eine Zugmittelspannung einstellt.

Im Detail wird die Spannungsentwicklung über die Zyklenzahl anhand der Wechselverformungskurven und der Mittelspannungsverläufe separat für die Belastungsfälle IP und OP in Abbildung 4.19 bzw. 4.20 dargestellt.

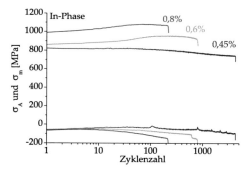

Abb. 4.19: Wechselverformungskurven und Mittelspannungsverläufe von Waspaloy™ unter einachsiger thermo-mechanischer Beanspruchung für den In-Phase-Belastungsfall.

Im IP-Belastungsfall ist der Verlauf der Spannungsamplitude bei der geringsten Dehnungsamplitude 0,45 % von einem anfänglich stabilen Wechselverformungsverhalten bis etwa 50 Zyklen gekennzeichnet, woran sich eine stetige zyklische Entfestigung bis zum Versagen anschließt. Für Dehnungsamplituden $\geq 0,6$ % zeigt das Wechselverformungsverhalten in den ersten Zyklen eine zyklische Verfestigung, an welcher sich für den überwiegenden Teil der Lebensdauer eine zyklische Entfestigung anschließt. Im Mittelspannungsverlauf der Dehnungsamplitude von 0,6 % ist eine Unstetigkeit zu erkennen, welche auf ein lokales Versagen zurückgeführt werden kann.

Der Mittelspannungsverlauf zeigt für sämtliche Dehnungsamplituden von Beginn an eine Druckmittelspannung von -55 bis -65 MPa, welche sich in den ersten Zyklen vom Betrag geringfügig verringert. Im weiteren Verlauf ist eine Zunahme der Druckmittelspannung präsent, die für den thermo-mechanischen In-Phase-Belastungsfall typisch ist. Der kontinuierliche Aufbau einer Mittelspannung resultiert aus der höheren Festigkeit bei niedrigeren Temperaturen. Für den IP-Belastungsfall liegt die untere Temperatur von 400 °C bei einer Druckbeanspruchung vor. Entsprechend dem Kurvenverlauf, siehe Abbildung 4.19, nimmt die Druckmittelspannung bis zum Versagen und mit zunehmender Dehnungsamplitude zu. Die periodischen Unstetigkeiten im Mittelspannungsverlauf mit 0,45 % Dehnungsamplitude können auf systematische Fehler in der Versuchsführung zurückgeführt werden.

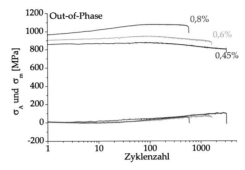

Abb. 4.20: Wechselverformungskurven und Mittelspannungsverläufe von Waspaloy^{TM} unter einachsiger thermo-mechanischer Beanspruchung für den Out-of-Phase-Belastungsfall.

Das Wechselverformungsverhalten unter thermo-mechanischer Beanspruchung für den Out-of-Phase-Belastungsfall (Abbildung 4.20) zeigt für alle Dehnungsamplituden eine zyklische Verfestigung bis etwa 80 Zyklen. Die Höhe der Verfestigung nimmt mit der Dehnungsamplitude zu. Auf die zyklische Verfestigung folgt für die Dehnungen 0,45 % und 0,6 % eine kontinuierliche Entfestigung bis zum Bruch. Für die Dehnungsamplitude von 0,8 % schließt sich der Verfestigung eine sehr geringe zyklische Entfestigung an. Gegen Ende der Lebensdauer bewirkt das Risswachstum eine Reduktion der Spannungsamplitude und Mittelspannung bis zum Versagen.

Da für den Out-of-Phase-Belastungsfall die maximale Zugbeanspruchung bei 400 °C vorliegt, stellt sich von Beginn an eine Zugmittelspannung von 5 bis 15 MPa ein. Der Zugmittelspannungsverlauf zeigt bis zum 8. bzw. 10. Zyklus eine geringe Reduktion und für die folgenden Zyklen bis zum Versagen resultiert die erwartungsgemäße kontinuierliche Zunahme. Zum Zeitpunkt des Versagens liegt die höchste Zugmittelspannung für die geringste Dehnung vor, und mit steigender Dehnungsamplitude nimmt die Zugmittelspannung ab. Diese Reihenfolge lässt sich auf das frühere Versagen mit höheren Dehnungsamplituden und auf die Volumenkontraktion aus der Ni$_2$Cr Umlagerung zurückzuführen. Mit längerer Lebensdauer besteht mehr Zeit für die Bildung der Überstruktur und der Entwicklung einer höheren Zugmittel-

Tab. 4.6: Koeffizienten der Ramberg-Osgood-Gleichung für die Approximation der Spannungs-Dehnungs-Kurven von Waspaloy™ für die thermo-mechanische In-Phase- und Out-of-Phase-Beanspruchung.

Belastungsfall	n′	K′
OP	0,162	2786
IP	0,264	5413
OP und IP	0,211	3831

spannung.

Die zyklische Spannungs-Dehnungs-Kurve für die TMF-Versuche wird im Vergleich zu den LCF-Daten aus den Einstufen- und den Laststeigerungsversuchen in Abbildung 4.21 dargestellt. Die Spannungsamplituden der thermo-mechanischen Er-

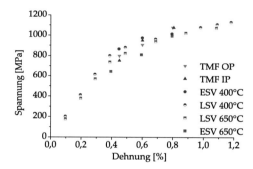

Abb. 4.21: Zyklische Spannungs-Dehnungs-Kurve der thermo-mechanischen In-Phase- und Out-of-Phase-Beanspruchung im Vergleich zur isothermen Ermüdung bei 400 °C und 650 °C.

müdungsversuche liegen für alle geprüften Dehnungen sehr nah beieinander. Bis zu einer mechanischen Dehnungsamplitude von 0,6 % ordnen sich die Spannungsamplituden zwischen den ESV bei 400 °C und 650 °C ein. Die größte mechanische Dehnungsamplitude (0,8 %) führt zu Spannungsamplituden, die oberhalb aller LCF-Daten liegen. Hinsichtlich der Verfestigung ist für die TMF-Versuche ein ähnlich starker Anstieg in der zyklischen Spannungs-Dehnungs-Kurve wie für die Einstufenversuche bei 650 °C festzustellen. Eine quantitative Beschreibung der zyklischen Spannungs-Dehnungs-Kurve erfolgt mit der Ramberg-Osgood-Gleichung. Die Parameter der Ramberg-Osgood-Gleichung sind in Tabelle 4.6 angegeben. Wie bereits aus Abbildung 4.21 ersichtlich, bestätigt der Verfestigungsexponent n′ der Ramberg-Osgood-Gleichung höhere Werte in den TMF-Versuchen (Tabelle 4.6) als für die LCF-Versuche bei 400 °C (Tabelle 4.5). Der Verfestigungsexponent n′ der Einstufenversuche bei 650 °C ist hingegen in der gleichen Größenordnung, so dass die zyklische

94

Spannungs-Dehnungs-Kurve der TMF-Versuche und der ESV 650 °C nahezu parallel zueinander verlaufen.

Die Lebensdauern der TMF-Versuche von Waspaloy™ werden über der mechanischen Dehnungamplitude als Dehnungswöhlerlinien in Abbildung 4.22 dargestellt. Zusätzlich werden die jeweilige Lebensdauer der isothermen Ermüdungsversuche für 400 °C und 650 °C sowie die Dehnungswöhlerlinie und das zugehörige Streuband von 2 der Literaturdaten eingetragen.

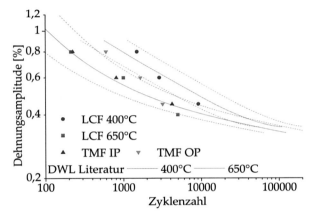

Abb. 4.22: Dehnungswöhlerlinien der thermo-mechanischen In-Phase- und Out-of-Phase-Beanspruchung, welche mit den isothermen Ermüdungsdaten und der exponentiellen Anpassung der Literaturdaten für 400 °C und 650 °C gegenübergestellt werden.

Der Vergleich der Lebensdauern der thermo-mechanischen Ermüdungsversuche für den IP- und OP-Belastungsfall zeigt für kleine Dehnungsamplituden ähnliche Werte. Mit zunehmender mechanischer Dehnungsamplitude jedoch weist die OP-Beanspruchung eine jeweils längere Lebensdauer als der IP-Belastungsfall auf, welche selbst das Streuband von 2 überschreitet.

Für den IP-Belastungsfall ordnen sie sich in das Streuband der Messdaten und der approximierten Lebensdauerlinie der Literaturdaten für 650 °C ein. Demzufolge ist der LCF-Versuch bei 650 °C in der Lage, die thermo-mechanische IP-Belastung zu beschreiben. Eine Lebensdauerbeschreibung auf Basis der LCF-Versuche gelingt für OP-Belastung nicht, weil kleine Dehnungsamplituden in das Streuband der LCF-Versuche bei 650 °C fallen und große Dehnungsamplituden im Streubereich der LCF-Daten bei 400 °C liegen. Da die Lebensdauer der LCF-Beanspruchung bei 650 °C und der TMF IP-Beanspruchung zusammenfallen, scheint die Schädigung bzw. das Versagen maßgeblich von der Zugbeanspruchung bei 650 °C dominiert zu sein. Im Falle der TMF OP-Beanspruchung ist die Zunahme der Zugmittelspannung mit kleineren Dehnungsamplituden dafür verantwortlich, dass die Lebensdauer für kleine Dehnungen in das LCF-Streuband von 650 °C fällt. Mit abnehmender Zugmittelspannung dominiert die Zugbeanspruchung bei 400 °C das Versagen bzw. die Schädigung, so dass die Lebensdauer im Streuband der LCF-Versuche von 400 °C liegt.

Der dominierende Einfluss von Zugspannungen auf die Lebensdauer ist auf das Risswachstum in der Zugphase zurückzuführen. Nach Affeldt und de la Cruz [255] bestimmt die Risswachstumsphase 80 % der Lebensdauer. Deswegen basiert die Lebensdauerbeschreibung von Affeldt und de la Cruz [255] sowie Rupp und Affeldt [256] auf einem Risswachstumsmodell, welches die elastische Energiedichte der Rissöffnung und die plastische Energiedichte der Hysterese berücksichtigt.

Das Lebensdauerverhalten zwischen TMF IP- und OP-Beanspruchung mit kürzeren Ermüdungszyklenzahlen für die IP-Belastung bei hohen Dehnungsamplituden und etwa gleicher Lebensdauer für niedrige Dehnungsamplituden wird nach Nitta und Kuwabara [257] als Typ E' bezeichnet. Nitta und Kuwabara konnten ein derartiges Verhalten bei der geschmiedeten Nickelbasis-Superlegierung IN718 feststellen und haben den Unterschied auf den Versagensmechanismenwechsel zurückgeführt. Danach ist das Risswachstum unter IP-Belastung interkristallin und für die OP-Belastung bei hohen Dehnungsamplituden transkristallin. Dasselbe Lebensdauerverhalten für die geschmiedete Nickelbasis-Superlegierung IN718 wurde ebenfalls von Vöse et al. [258] beschrieben.

Versagen von Waspaloy™ unter einachsiger Hochtemperaturermüdung

Das Verformungsverhalten von Waspaloy ist bei der thermo-mechanischen und der isothermen Ermüdung von der Bewegung von Versetzungen geprägt. Das Gleitverhalten ist aufgrund der geringen Stapelfehlerenergie, welche nach Kotval [144] sowie Gallagher [145] für Nickelbasis-Superlegierungen vorliegt, planar. Jedoch machen Clavel und Pineau [243] eine Unterscheidung nach den Dehnungsamplituden. Im Fall der isothermen Hochtemperaturermüdung ergibt sich für hohe Dehnungsamplituden bzw. kurze Lebensdauern eine homogene Verteilung der Versetzungen, und mit kleineren Dehnungsamplituden bzw. höheren Lebensdauern stellt sich eine planare Versetzungsstruktur ein [243, 259–261]. Nach Clavel und Pineau [243] befinden sich Versetzungsringe um die größeren γ'-Ausscheidungen, wobei die kohärenten Ausscheidungen bei allen Temperaturen von den Versetzungen geschnitten werden können [243, 260, 262]. In Abbildung 4.23 wird die planare Versetzungsanordnung auf zwei aktiven sich kreuzenden Gleitsystemen sowie von Versetzungen geschnittene γ'-Teilchen dargestellt.

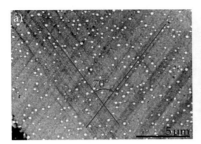
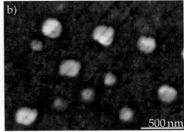

Abb. 4.23: REM-Aufnahme mit Electron Channeling Contrast Imaging (ECCI) Verfahren von Waspaloy™ nach dem Versagen. a) Planare Versetzungsstruktur mit mehreren aktiven Gleitsystemen, welche sich unter 70° schneiden, für die isotherme Ermüdung bei 650 °C mit einer Dehnungsamplitude von 0,6 %. b) Mehrfach von Versetzungen geschnittene γ'-Ausscheidungen innerhalb eines Gleitsystems für die isotherme Ermüdung bei 400 °C und einer Dehnungsamplitude von 0,45 %.

Sowohl im Fall der isothermen als auch der thermo-mechanischen Ermüdung bilden die planaren Gleitbänder Gleitstufen an der Oberfläche, die sowohl in das Material als auch aus der Oberfläche treten. Diese Intrusionen und Extrusionen stellen einen atomar scharfen Anriss dar, welcher in der Rissinitiierungsphase entlang des Gleitbandes wächst. Nach dem Schmid'schen Schubspannungsgesetz findet die makroskopische Rissinitiierung unter 45° zur einachsigen Belastungsrichtung statt, siehe Abschnitt 2.1.4 und Abbildung 2.4. Entsprechend Abbildung 2.4 gibt es Unterschiede in der Risswachstumsphase, wonach bei tiefen Temperaturen ein transkristallines Risswachstum senkrecht zur Belastungsrichtung vorliegt und für hohe Temperaturen ein Bruchmechanismenwechsel hin zum interkristallinen Risswachstum auftritt. Im Fall der Ermüdungsprüfung von Waspaloy™ bei 400 °C findet das Risswachstum sowohl entlang der Korngrenzen (interkristallin) als auch entlang von Gleitbändern durch das Korn (transkristallin) statt. Das Versagen der Korngrenzen verbindet die Mikrorisse der unterschiedlichen Körner, die sich entlang den Gleitbändern gebildet haben. Das Risswachstum bei der Ermüdungsprüfung bei 650 °C zeigt den erwarteten Bruchmechanismenwechsel, so dass aufgrund der vermehrten Leerstellen- und Sauerstoffdiffusion die Korngrenzen verspröden und daher der Rissfortschritt hauptsächlich entlang der Korngrenzen stattfindet. In seltenen Fällen tritt ein transgranulares Risswachstum entlang von Gleitbändern auf. Abbildung 4.24 zeigt exemplarisch den Bruchmechanismus für die isotherme Ermüdung bei 400 °C und 650 °C.

Dieser Bruchmechanismenwechsel wird in der Literatur anhand von Ermüdungsversuchen von Clavel und Pineau [243, 259], Lerch et al. [260, 262] sowie Merrick [261] bestätigt. Darüber hinaus wurde in der Literatur mit der zyklischen Bruchmecha-

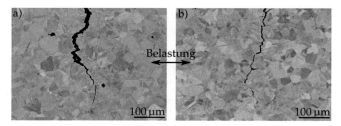

Abb. 4.24: REM-Aufnahme im Rückstreuelektronenkontrast von Waspaloy™ nach dem Versagen. a) Das Risswachstum, welches für die Ermüdung bei 400 °C sowohl transgranular entlang den Gleitsystemen als auch interkristallin erfolgt. b) Risswachstumsphase der isothermen Ermüdung bei 650 °C mit hauptsächlich interkristallinem Rissfortschritt.

nik das Risswachstumsverhalten von Waspaloy™ untersucht. Merrick und Floreen [263], Lynch et al. [264] sowie Byrne et al. [265] untersuchten das Risswachstumsverhalten für unterschiedliche Frequenzen sowie den Einfluss von Haltezeiten und stellten fest, dass niedrigere Frequenzen und längere Haltezeiten eine höhere Risswachstumsgeschwindigkeit aufgrund der Oxidation der Korngrenzen besitzen. Mit zyklischen Bruchmechanikversuchen, sowohl unter Labor- als auch Argon-Atmosphäre, haben Vasatis und Pelloux [266] die höhere Risswachstumsgeschwindigkeit sowie den Bruchmechanismenwechsel in Gegenwart von Sauerstoff bestätigt.

Für die thermo-mechanische Ermüdung hat sich gezeigt, dass sowohl für den IP- als auch den OP-Belastungsfall bei kleinen Dehnungsamplituden ein hauptsächlich interkristalliner Rissfortschritt vorliegt. Die Übereinstimmung mit den LCF-Versuchen bei 650 °C lässt sich auf die starke Oxidation bei 650 °C und die niedrige Prüffrequenz zurückführen. Hohe Dehnungsamplituden hingegen führen zu unterschiedlichen Bruchmechanismen zwischen IP- und OP-Belastung, welche exemplarisch in Abbildung 4.25 zu sehen sind.

Abbildung 4.25 zeigt für die IP-Belastung ein hauptsächlich interkristallines und für die OP-Belastung ein bevorzugtes transkristallines Risswachstum und bestätigt damit die Ergebnisse von Nitta und Kuwabara [257] für die Nickelbasis-Superlegierung IN718.

Demzufolge sind die schnellere Rissinitiierung, das schnellere Risswachstum und der Bruchmechanismenwechsel bei 650° verantwortlich für die jeweils kürzere Lebensdauer unter isothermer Ermüdung.

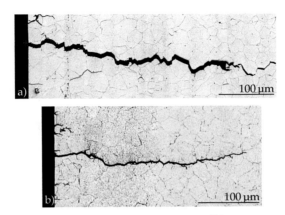

Abb. 4.25: Lichtmikroskopische Aufnahme von Waspaloy™ unter thermo-mechanischer Ermüdung nach dem Versagen. a) Interkristallines Risswachtum unter TMF IP-Belastung mit einer mechanischen Dehnungsamplitude von 0,6 %. b) Transkristalliner Rissfortschritt unter TMF OP-Belastung mit einer mechanischen Dehnungsamplitude von 0,8 %.

4.2.2 IN738LC

Isotherme Hochtemperaturermüdung

Die isotherme Hochtemperaturermüdung von IN738LC wurde mit den Versuchsparametern entsprechend Tabelle 3.3 durchgeführt. Details der Versuchsführung werden in Abschnitt 3.2.3 beschrieben.

Die Spannungs-Dehnungs-Hysteresen bei halber Lebensdauer werden in Abbildung 4.26 für beide Temperaturen gezeigt. Nach Masing wurde der Druckumkehrpunkt der Hysterese in den Koordinatenursprung verschoben [234].

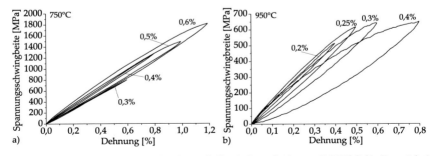

Abb. 4.26: Hysteresen bei $N_f/2$ für die Nickelbasis-Superlegierung IN738LC für $R_\epsilon = -1$ bei a) 750 °C und b) 950 °C für alle vier Dehnungsamplituden.

Die Entlastungsäste sowohl bei 750 °C als auch bei 950 °C sind für keine Dehnungs-amplituden deckungsgleich. Daher liegt kein zyklisch stabiles Werkstoffverhalten vor, und somit ist für IN738LC die Beschreibung des Werkstoffverhaltens nach Massing ungeeignet. Die Belastungsäste in allen Hysteresen weisen unterschiedliche Anstiege auf, die auf eine unterschiedliche Steifigkeit der Proben bzw. im Fall eines fehlerfreien Werkstoffes auf einen variierenden E-Modul des Materials zurückzuführen sind. Da IN738LC per Feinguss hergestellt wurde, besteht die Möglichkeit, dass eine unterschiedliche Verteilung sowie ein unterschiedlicher Anteil an Lunkern und Poren in den LCF-Proben vorliegen. Darüber hinaus führt der Feinguss zu großen Korngrößen für IN738LC, siehe Abschnitt 3.3.2, wodurch sich der Querschnitt und der Messbereich der LCF-Probe aus wenigen Körnern zusammensetzt, welche eine beliebige Orientierung aufweisen können. Aufgrund der elastischen Anisotropie von Nickel [42, 131, 132] und der wenigen Körner kann nicht von einem isotropen Werkstoffverhalten ausgegangen werden.

In Abbildung 4.26a ist für 750 °C die Tendenz, dass mit zunehmender Dehnungs-amplitude der Anstieg der Belastungsäste zunimmt, zu erkennen. Eine Hypothese für diese Anordnung ist das nicht linear elastische Verhalten von Werkstoffen. Nach Sommer et al. [267] hängt der E-Modul linear von der Spannung ab, wobei sich für Druckspannungen ein höherer E-Moduli als für Zugspannungen einstellen. Für 950 °C sind die Unterschiede in den Spannungsamplituden zu gering, um eine Nicht-Linearität des E-Moduls festzustellen.

Das Wechselverformungsverhalten von IN738LC wird separat für die jeweilige Temperatur in Abbildung 4.27 (750 °C) bzw. 4.28 (950 °C) dargestellt. Der Spannungsam-

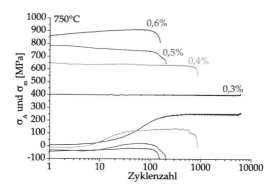

Abb. 4.27: Wechselverformungskurven und Mittelspannungsverläufe von IN738LC unter einachsiger Beanspruchung bei 750 °C.

plitudenverlauf bei 750 °C zeigt für die Dehnungsamplituden bis 0,4 % ein zyklisch stabiles Verhalten. Bei einer Dehnungsamplitude von 0,5 % weist IN738LC eine geringfügige kontinuierliche zyklische Entfestigung bis zum schädigungsinduzierten stärkeren Spannungsabfall mit einem anschließenden Bruch der Probe auf. Nur die Dehnungsamplitude von 0,6 % zeigt ein zyklisches Verfestigungsverhalten bevor das Versagen einsetzt.

Die Mittelspannungen liegen im ersten Zyklus im Bereich von 10 bis -40 MPa und nehmen mit steigender Dehnungsamplitude ab. Damit liegt im ersten Zyklus ein nahezu mittelspannungsfreier Zustand vor. Im weiteren Verlauf der Ermüdung zeigt die Mittelspannung für Dehnungen bis 0,5 % eine stetige Zunahme, so dass sich eine Zugmittelspannung einstellt. Nach 20 bis 200 Zyklen liegt eine zyklische Stabilität vor, die vom Spannungsniveau mit höherer Dehnungsamplitude sinkt. Ebenfalls tritt für die höchste Dehnungsamplitude von 0,6 % ein Abbau der Druckmittelspannung auf, welcher vom Betrag marginal ist. Im Zuge fortschreitender Schädigung sinken die Zugmittelspannungen gegen Ende der Lebensdauer.

Die geringen Zugmittelspannungen für die Dehnungsamplitude von 0,3 % im ersten Zyklus sind auf die orientierungsbedingte Zug-Druck-Asymmetrie zurückzuführen. Die Verformungen bei kleinen Dehnungen finden entsprechend den Hysteresen, Abbildung 4.26a, vor allem in Körnern, deren Orientierung zu einem niedrigen E-Modul führt, statt. Nach Li und Smith [268], Yue und Lu [269], Zhufeng et al. [270] sowie Österle et al. [271] zeigen insbesondere die Kornorientierungen nahe den [001]-Richtungen mit niedrigem E-Modul bei reinen Wechselversuchen mit R = -1 unter Zugbeanspruchung höhere Festigkeiten als in der Druckphase, wodurch sich eine Zugmittelspannung einstellt. Dieses Verhalten wird in der Literatur [271, 272] als Zug-Druck-Asymmetrie bezeichnet. Jiao et al. [272] hat weiterhin eine Dehnraten- und Temperaturabhängigkeit der Zug-Druck-Asymmetrie für die <001> Kornorientierung festgestellt.

Die kontinuierliche Entwicklung der Zugmittelspannung ist in IN738LC noch nicht explizit in der Literatur beschrieben. Allerdings zeigen die Studien von Petrenec et al. [273], Smid et al. [274] und Strunz et al. [275], dass sich während der zyklischen Beanspruchung in IN738LC γ'-Ausscheidungen bilden. Nach Strunz et al. [275] erhöht sich bei 750 °C vor allem der Volumenanteil an γ'-Ausscheidungen in der Größe von 25-100 nm. Da der Gitterparameter $a_{\gamma'} < a_\gamma$ ist, bewirkt die Ausscheidungsbildung eine Volumenkontraktion, welche in dehnungsgeregelten Ermüdungsversuchen zu einer Zugmittelspannung führt. Die Reduktion des Zugmittelspannungsniveaus wird für größere Dehnungsamplituden vom Verfestigungsverhalten von IN738LC dominiert, und die Volumenkontraktion verliert an Einfluss.

Die Wechselverformungskurven in Abbildung 4.28 bei 950 °C zeigen nur für die Dehnungsamplitude von 0,2 % ein zyklisch stabiles Verhalten. Hingegen tritt für Dehnungen $\geq 0,25$ % eine kontinuierliche zyklische Entfestigung bis zum Versagen

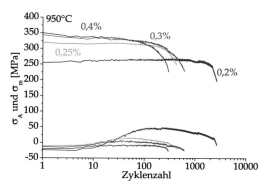

Abb. 4.28: Wechselverformungskurven und Mittelspannungsverläufe von IN738LC unter einachsiger Beanspruchung bei 950 °C.

auf.

Die Mittelspannungen liegen im ersten Zyklus alle im Druckspannungsbereich zwischen -10 und -25 MPa. Dem nahezu mittelspannungsfreien Zustand des ersten Zyklus folgt, ähnlich wie bei 750 °C, der Abbau der Druckmittelspannungen bzw. die Ausbildung einer Zugmittelspannung im Verlauf der Ermüdung. Der Mittelspannungsverlauf aller Dehnungsamplituden weist keinen stabilen Bereich auf, so dass sich ein Mittelspannungsmaximum einstellt. Nach dem Erreichen des Maximums nimmt die Mittelspannung bis zum Versagen ab. Der maximale Wert der Mittelspannungen sinkt mit zunehmender Dehnungsamplitude und zeigt damit die gleiche Relation wie bei 750 °C.

Im Vergleich zu 750 °C liegt im ersten Zyklus keine Zugmittelspannung vor, da die Zug-Druck-Asymmetrie nach Jiao et al. [272] bei 950 °C verlorengeht. Demzufolge haben die Kornorientierung und die anisotropen plastischen Eigenschaften keinen Einfluss auf die Mittelspannung.

Die Zugmittelspannungsentwicklung während der Ermüdung ist vergleichbar mit dem Verhalten bei 750 °C und scheint somit ebenfalls von den γ'-Ausscheidungen hervorgerufen zu werden. Nach Strunz et al. [275] wachsen die großen Ausscheidungen auf Kosten der kleinen, was in der Literatur [42] als Ostwald-Reifung bezeichnet wird, allerdings wird in der Studie ein sinkender Gesamtvolumenanteil an γ'-Ausscheidungen bei 950 °C im Vergleich zum Zustand bei 800 °C gemessen. Die Autoren weisen jedoch darauf hin, dass die Messung des Gesamtvolumenanteils eine Ungenauigkeit von 10 % beinhalten kann. Demzufolge ist es durchaus möglich, dass der γ'-Volumenanteil höher als im Ausgangszustand ist und sich somit infolge der Volumenkontraktion eine Zugmittelspannung einstellt. Die geringeren Zugmittelspannungen bei 950 °C gegenüber 750 °C sind auf den geringeren Volumenanteil an

γ'-Ausscheidungen zurückzuführen. Das sinkende Mittelspannungsmaximum mit Zunahme der Dehnungsamplitude ist wie bei 750 °C durch den dominierenden Einfluss des Verfestigungsverhaltens bei höheren Dehnungen zu erklären, so dass die Volumenkontraktion einen abnehmenden Einfluss ausübt.

Das zyklische Spannungs-Dehnungs-Verhalten wird für beide Temperaturen (750 °C, 950 °C) in Abbildung 4.29 den Daten aus Zugversuchen gegenübergestellt. Da die in dieser Arbeit durchgeführten Zugversuche mit Dehnraten von 10^{-4} s^{-1} und 10^{-5} s^{-1} geprüft wurden, stimmen sie mit den Ermüdungsdaten (10^{-3} s^{-1}) nicht überein und sind daher ungeeignet. Deswegen wird auf die Literaturdaten von Bettge [202] zurückgegriffen, deren Konformität bereits im Abschnitt 4.1.2 nachgewiesen wurde.

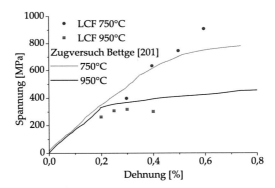

Abb. 4.29: Zyklische Spannungs-Dehnungs-Kurve von IN738LC aus den Einstufenversuchen bei $N_f/2$ im Vergleich zu den Warmzugversuchen von Bettge [202] bei 750 °C und 950 °C.

Die kleinste Dehnungsamplitude von 0,3 % bei 750 °C weist aufgrund des geringen E-Moduls, siehe Hysteresen in Abbildung 4.26a, eine niedrigere Spannungsamplitude als der Zugversuch auf. Bei höheren Dehnungsamplituden liegen hingegen die Spannungswerte über dem Zugversuch. Damit ist die zyklische Verfestigung von IN738LC bei 750 °C höher als das statische Verfestigungsverhalten.

Das zyklische Spannungs-Dehnungs-Verhalten bei 950 °C weist grundsätzlich niedrigere Spannungsamplituden als der entsprechende Zugversuch von Bettge [202] auf. Für die kleinste Dehnungsamplitude (0,2 %) kann der niedrigere E-Modul, wie bei 750 °C, dafür verantwortlich sein. Die niedrigeren Spannungsamplituden für die Dehnungen $\geq 0,25$ % sind auf die kontinuierliche Entfestigung in den Wechselverformungskurven (Abbildung 4.28) zurückzuführen. Das zyklische Verfestigungsverhalten bei 950 °C ist ähnlich der statischen Verfestigung.

Tab. 4.7: Koeffizienten der Ramberg-Osgood-Gleichung für die Approximation der Spannungs-Dehnungs-Kurven von IN738LC für die isotherme Ermüdung bei 750 °C und 950 °C.

Temperatur [°C]	n′	K′
750	0,348	12727
950	0,098	642

Die Beschreibung der zyklischen Spannungs-Dehnungs-Kurve für beide Temperaturen erfolgt nach der Ramberg-Osgood-Gleichung. Die Koeffizienten der Approximation nach Ramberg-Osgood sind in Tabelle 4.7 zusammengestellt. Das unterschiedliche zyklische Verfestigungsverhalten für 750 °C und 950 °C wird anhand des Verfestigungsexponentens n′ verdeutlicht. Nach Hertzberg [242] sind n′ > 0,2 für ein zyklisch verfestigendes Material und n′-Werte von < 0,1 für zyklisch entfestigendes Material typisch. Angaben zu den Ramberg-Osgood-Koeffizienten von IN738LC werden in der Literatur von Petrenec et al. [273], Orbtlik et al. [276] sowie Smid et al. [274] bei 500 °C bzw. 800 °C gemacht. Der Verfestigungsexponent n′ für 500 °C beträgt demnach 0,147, und für 800 °C liegt n′ im Bereich von 0,14 bis 0,158.

Die Lebensdauerdarstellung erfolgt separat für die jeweilige Temperatur in der Dehnungswöhlerlinie für die Gesamtdehnung. Den Lebensdauern bei 750 °C werden in Abbildung 4.30a Literaturdaten von Strang [277], Thomas und Varma [278], Chen [279] sowie Ziebs et al. [280] gegenübergestellt.

Auf eine Beschreibung der Dehnungswöhlerlinie mit dem Basquin und Manson-Coffin-Ansatz wird aufgrund der begrenzten Datenbasis verzichtet. Die Literaturdaten werden, wie bei Waspaloy™, mit einer Exponentialgleichung beschrieben, die denselben funktionalen Zusammenhang wie die Basquin und Manson-Coffin-Gleichung 4.4 besitzt. Auf Basis dieser Dehnungswöhlerlinien (DWL)-Beschreibung wird ein Streuband von 2 in Abbildung 4.30 eingetragen.

Die in Abbildung 4.30a eingetragenen isothermen Ermüdungsversuche und Literaturdaten decken einen Dehnratenbereich $\dot{\varepsilon}$ von 10^{-2} s^{-1} bis 10^{-5} s^{-1} ab. Ziebs et al. [280] untersuchten am identischen Ausgangsmaterial das Ermüdungsverhalten zweier Dehnraten 10^{-3} s^{-1} und 10^{-5} s^{-1}. In der Studie von Chen [279] und die in dieser Arbeit durchgeführten Versuche wurden mit einer Dehnrate von 10^{-3} s^{-1} geprüft. Strang [277] verwendete eine konstante Prüffrequenz f von 0,0166 Hz. In der Arbeit von Thomas und Varma [278] wurden Dehnraten zwischen 10^{-2} s^{-1} und 10^{-3} s^{-1} realisiert, wobei keine spezifische Zuordnung zu den einzelnen Versuchen angegeben wird.

Die ermittelte Lebensdauer für die vier Dehnungsamplituden fällt in das Streuband von 2 und stimmt somit sehr gut mit den Literaturdaten überein. Ebenfalls liegen

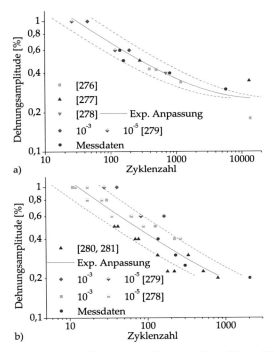

Abb. 4.30: Dehnungswöhlerlinien der Mess- und Literaturdaten (Strang [277], Thomas und Varma [278], Chen [279], Ziebs et al. [280] und Yandt et al. [281, 282]) von IN738LC a) bei 750 °C und b) 950 °C mit exponentieller Anpassung der Lebensdauer auf Basis der Literaturwerte und entsprechendem Streuband von 2.

alle Literaturdaten, bis auf die zwei mit Lebensdauerwerten >10000 Zyklen, in dem für die Ermüdung typischen Streubereich. Demzufolge gelingt die zugehörige Beschreibung bis Zyklenzahlen von 10000, ohne dass die Dehnrate einen signifikanten Einfluss auf die Lebensdauer hat. Hingegen scheint bei hohen Zyklenzahlen die Dehnrate aufgrund der langen Prüfzeit und der zunehmenden Kriechbeanspruchung die Lebensdauer zu beeinflussen. Demzufolge führen hohe Dehnraten zu deren Verlängerung, während niedrige Dehnraten sie verkürzen. Da Kriechen bei Zyklenzahlen >10000 einen schädigenden Einfluss auf die Lebensdauer hat, liegt kein stabiles Langzeitverhalten vor.

Die jeweilige Lebensdauer bei 950 °C wird in Abbildung 4.30b in einer Dehnungswöhlerlinie mit Literaturdaten von Chen [279], Ziebs et al. [280] und Yandt et al. [281, 282] verglichen. Auf Basis der Literaturdaten werden mit einem exponentiellen Ansatz, wie bei Waspaloy[TM] und bei 750 °C, die Dehnungswöhlerlinie approximiert und das entsprechende Streuband von 2 eingezeichnet. In die Approximation wurden sowohl die Dehnraten von 10^{-3} s^{-1} [279, 280] als auch 10^{-5} s^{-1} [279–282] gleichwertig einbezogen.

Abbildung 4.30b zeigt, dass die gemessenen Lebensdauern bei 950 °C jeweils in das Streuband der Literaturdaten fallen. Von den Literaturdaten befinden sich fast alle Lebensdauerwerte im Bereich der Streuung. Tendenziell liegen die Ermüdungszyklenzahlen von Yandt [281, 282] mit der Dehnrate von 10^{-5} s^{-1} am unteren Streuband, wobei zwei Werte nicht hineinfallen. Die Lebensdauerwerte von Ziebs et al. hingegen verlassen mit einer Dehnrate 10^{-3} s^{-1} das obere Streuband. Daher haben die Dehnrate und somit die Kriechprozesse einen Einfluss auf die Lebensdauer. Aus diesem Grund wurden von Thomas und Varma [278] sowie Chen [279] Kriech-Ermüdungs-Untersuchungen von IN738LC bei 850 °C und 950 °C durchgeführt. In den Arbeiten wird der Kriecheinfluss auf die Ermüdung genauer betrachtet und eine Lebensdauerbeschreibung angegeben.

Der Vergleich der Dehnungswöhlerlinien für 750 °C (Abbildung 4.30a) und 950 °C (Abbildung 4.30b) zeigt erwartungsgemäß, dass mit höherer Prüftemperatur stets kürzere Lebensdauern zu erwarten sind. Für hohe Dehnungsamplituden ist sie um einen Faktor von 2 bis 3 verkürzt, und mit abnehmender Dehnungsamplitude nimmt der Faktor kontinuierlich zu, so dass sich bei 0,3 % ein Wert von circa 10 einstellt. Die Lebensdauerreduktion ist auf die signifikant geringere Festigkeit bei 950 °C und die damit verbundenen höheren plastischen Dehnungsanteilen an der Gesamtdehnung sowie auf die stärkere Oxidation zurückzuführen.

Thermo-mechanische Ermüdung

Das einachsige thermo-mechanische Ermüdungsverhalten von IN738LC wurde mit den angegebenen Versuchsparametern und den beschriebenen Details der Versuchsführung nach Abschnitt 3.2.3 durchgeführt.

Abbildung 4.31 zeigt die Spannungs-Dehnungs-Hysteresen bei halber Lebensdauer für den IP- und den OP-Belastungsfall. Den IP-Hysteresen werden in Abbildung 4.31a die isothermen Hysteresen bei 950 °C (rote Linie) und 750 °C (blaue Linie) mit 0,4 % Dehnungsamplitude gegenübergestellt. Für den OP-Belastungsfall in Abbildung 4.31b werden zum Vergleich die isothermen Hysteresen für eine Dehnungsamplitude von 0,3 % eingetragen.

Die Hysteresen für den IP- und OP-Belastungsfall sind erwartungsgemäß nicht deckungsgleich, da der Dehnung nicht dieselbe Temperatur zugeordnet ist. Die maximalen Spannungen im IP-Belastungsfall, also bei 950 °C, sind nahe dem Maximalspannungswert der isothermen Hysterese von 950 °C. Im OP-Fall lassen sich ebenso für 950 °C die Minimalspannungen nahezu mit dem LCF-Versuch bei 750 °C be-

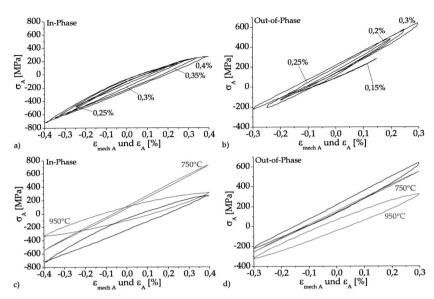

Abb. 4.31: Hysteresen bei $N_f/2$ für die Nickelbasis-Superlegierung IN738LC für $R_\epsilon = -1$ unter thermo-mechanischer Beanspruchung für den a) IP- und b) OP-Belastungsfall. In Rot (950 °C) und Blau (750 °C) sind die isothermen Hysteresen mit den c) IP- für eine Dehnungsamplitude von 0,4 % und den d) OP-Belastungsfall für eine Dehnungsamplitude von 0,3 % gegenübergestellt.

schreiben. Die Umkehrpunkte der TMF-Versuche bei 750 °C können allerdings nicht beschrieben werden, wodurch für IN738LC und Waspaloy™ die identische Feststellung gefunden wird. Da die thermo-mechanischen Hysteresen zu den LCF-Hysteresen verschoben sind, liegen im IP-Fall Druckmittelspannungen und im OP-Fall Zugmittelspannungen vor.

Die Spannungsentwicklung in Abhängigkeit der Zyklenzahl wird im Detail durch das Wechselverformungsverhalten sowie den Mittelspannungsverlauf getrennt für den IP- und OP-Belastungsfall in Abbildung 4.32 bzw. 4.33 dargestellt.

Der Verlauf der Spannungsamplituden im IP-Belastungsfall ist für alle Dehnungsamplituden dadurch gekennzeichnet, dass anfänglich ein zyklisch stabiles Verhalten vorliegt. An den zyklisch stabilen Bereich schließt sich eine zyklische Entfestigung an, welche bis zum Versagen geht. Die Mittelspannung liegt für sämtliche Dehnungen von Beginn an im Druckbereich, wobei die Druckspannungen im Verlauf der Ermüdung zunehmen. Die größten Druckmittelspannungen stellen sich für 0,25 % gegen Ende der Ermüdung ein. Für die höheren Dehnungsamplituden liegt ein Druck-

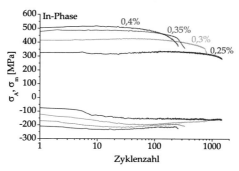

Abb. 4.32: Wechselverformungskurven und Mittelspannungsverläufe von IN738LC unter einachsiger thermo-mechanischer Beanspruchung für den In-Phase-Belastungsfall.

spannungsmaximum zum Ende des zyklisch stabilen Verhaltens der Spannungsamplitude vor. Nach dem Druckmittelspannungsmaximum findet, einhergehend mit der zyklischen Entfestigung, ein minimaler Abbau der Druckmittelspannungen bis zum Versagen statt. Infolge der Abnahme der Druckmittelspannungen ist die zyklische Entfestigung nicht schädigungsbedingt, sondern wird von einer Entfestigung in der Druckphase bei 750 °C verursacht. Die maximalen Druckmittelspannungen nehmen mit zunehmender Dehnungsamplitude zu. Somit liegt die für IP-Belastungen typische Reihenfolge vor. Daher hat die γ'-Ausscheidungsbildung, wie in isothermen LCF-Versuchen von IN738LC festgestellt [275], keinen signifikanten Einfluss auf den Mittelspannungsverlauf unter thermo-mechanischer IP-Ermüdung.

Abbildung 4.33 stellt die Wechselverformungskurven für die thermo-mechanische Out-of-Phase-Belastung dar. Die Spannungsamplitude zeigt für die kleinste Deh-

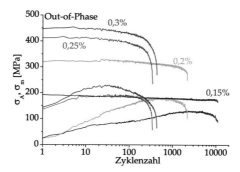

Abb. 4.33: Wechselverformungskurven und Mittelspannungsverläufe von IN738LC unter einachsiger thermo-mechanischer Beanspruchung für den Out-of-Phase-Belastungsfall.

nungsamplitude von 0,15 % eine geringe stetige zyklische Entfestigung bis zum Versagen. Bei größeren Dehnungsamplituden ist der Spannungsamplitudenverlauf von einem zunächst zyklisch stabilen Verhalten gekennzeichnet und wird nach 10 bis 100 Zyklen von der zyklischen Entfestigung abgelöst. Anfänglich ist diese nicht auf die sukzessive Schädigung während der Ermüdung zurückzuführen. Erst mit der Reduktion der Zugmittelspannungen ist von einer schädigungsinduzierten Abnahme der Spannungsamplituden auszugehen. Der Mittelspannungsverlauf für sämtliche OP-Versuche liegt vom ersten Zyklus an im Zugbereich und steigt kontinuierlich mit der Ermüdung, wobei der Anstieg der Mittelspannung mit der Dehnungsamplitude zunimmt. Im Zuge der schädigungsbedingten Mittelspannungsreduktion stellt sich eine maximale Zugmittelspannung in den Mittelspannungsverläufen ein. Die maximale Zugmittelspannung zeigt für die thermo-mechanische Out-of-Phase-Ermüdung die typische Dehnungsabhängigkeit, wonach die Zugmittelspannung mit der Dehnungsamplitude zunimmt. Demzufolge wird ebenfalls durch die OP-Belastung bestätigt, dass die Bildung von γ'-Teilchen für den Mittelspannungsverlauf unwesentlich ist. Nachdem sowohl für die thermo-mechanische IP- als auch OP-Beanspruchung die Bildung von γ'-Ausscheidungen keine Auswirkung auf die Mittelspannungen hat, ist davon auszugehen, dass sich kaum eine bzw. keine Erhöhung des Volumenanteils an der γ'-Phase während der Ermüdung einstellt.

Das zyklische Spannungs-Dehnungs-Verhalten der TMF-Beanspruchung wird in Abbildung 4.34 den isothermen LCF-Versuchen gegenübergestellt. Im Vergleich zu

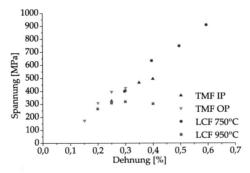

Abb. 4.34: Zyklische Spannungs-Dehnungs-Kurve von IN738LC der thermo-mechanischen In-Phase- und Out-of-Phase-Beanspruchung im Vergleich zur isothermen Ermüdung bei 400 °C und 650 °C.

den LCF-Versuchen liegen die Spannungsamplituden der TMF-Versuche stets oberhalb der Spannungswerte von 950 °C. Mit dem LCF-Versuch von 0,3 % Dehnungsamplitude bei 750 °C sind die thermo-mechanischen Beanspruchungen deckungsgleich.

Tab. 4.8: Koeffizienten der Ramberg-Osgood-Gleichung für die Approximation der Spannungs-Dehnungs-Kurven von IN738LC für die thermo-mechanische In-Phase- und Out-of-Phase-Beanspruchung.

Belastungsfall	n'	K'
OP	0,317	5030
IP	0,333	5096

Für Dehnungsamplituden $> 0{,}3\,\%$ sind die TMF-Spannungsamplituden geringer als die Werte des LCF-Versuches bei 750 °C. Das Verfestigungsverhalten ist für die TMF-Versuche von einem ähnlich starken Anstieg in der Spannungs-Dehnungs-Kurve wie für die LCF-Versuche bei 750 °C geprägt. Allerdings sind die Dehnungsamplituden und der geprüfte Bereich klein, so dass das Verhalten für große Dehnungsamplituden nicht repräsentativ ist. Ungeachtet dessen werden eine quantitative Beschreibung nach der Ramberg-Osgood-Gleichung und die entsprechenden Parameter der zyklischen Spannungs-Dehnungs-Kurve in Tabelle 4.8 angegeben. Der Verfestigungsexponent n' der Ramberg-Osgood-Gleichung der TMF-Versuche in Tabelle 4.8 bestätigt das bereits beschriebene ähnliche Verfestigungsverhalten mit dem LCF-Versuchen bei 750 °C. Der marginale Unterschied des Verfestigungsexponents n' zwischen der OP- und IP-Beanspruchung deutet auf vergleichbares Verfestigungsverhalten hin.

Abbildung 4.35 zeigt die Lebensdauern der TMF-Versuche in der Dehnungswöhlerlinie auf Basis der mechanischen Dehnung, welche den Literaturdaten von Yandt et al. [281, 282] gegenübergestellt werden. Yandt et al. [281, 282] untersuchten für den gleichen Temperaturbereich das TMF-Verhalten unter IP- und OP-Belastung mit einer Prüffrequenz f = 0,002 Hz (Heiz- und Abkühlrate von 1 K/s). Zusätzlich sind zum Vergleich die LCF-Lebensdauer bei 750 °C und 950 °C sowie die exponentielle Beschreibung der Dehnungswöhlerlinie (DWL) der Literaturdaten mit Streuband von 2 eingetragen.

Eine TMF-Lebensdauerbeschreibung auf Basis der Basquin und Manson-Coffin-Gleichung wird nicht angegeben, da die Datenbasis der eigenen Versuche begrenzt ist. Grundsätzlich führt die IP-Belastung zu höheren Lebensdauern als die OP-Beanspruchung. Allerdings kann hierfür nur von einer Tendenz gesprochen werden, da die Lebensdauerwerte innerhalb des Streubandes von 2 liegen. Die Lebensdauerverkürzung unter OP-Belastung ist auf die Ausbildung der Zugmittelspannungen zurückzuführen, welche zu einer kontinuierlichen Kriechschädigung während der Ermüdung führt. Die Einordnung zu den LCF-Versuchen zeigt, dass die jeweilige TMF-Lebensdauer mit der Dehnungswöhlerlinie der Literaturdaten von 950 °C beschrieben werden kann. Ausschließlich die kleinste Dehnungsamplitude, sowohl für den IP- als auch OP-Fall, liegt außerhalb des Streubandes. Die TMF-Literaturdaten von Yandt et al. fallen alle in das Streuband der LCF-Versuche bei 950 °C und es liegen keine signifikanten Lebensdauerunterschiede zwischen IP- und OP-Beanspruchung vor. Daher wurde auf eine exponentielle oder Basquin und Manson-Coffin-Anpassung der Literaturdaten von Yandt et al. verzichtet. Gegenüber Yandt et al. führen die kleinsten geprüften Dehnungsamplituden (IP 0,25 % und OP 0,15 %) zu längeren Lebensdauern, was auf die höhere Prüffrequenz von 0,008 Hz (Heiz- und Abkühlrate von 4 K/s) zurückzuführen ist. Aufgrund der Frequenzabhängigkeit der Lebensdauer ist davon auszugehen, dass bei längeren Prüfzeiten die Kriechschädigung einen wesentlichen Einfluss hat. Generell lässt sich die TMF-Lebensdauer sehr gut von der isothermen Ermüdung bei 950 °C beschreiben. Somit sollte das Schädigungsverhalten bzw. das Versagen für die TMF-Versuche im Temperaturbereich von 750 °C bis 950 °C ähnlich sein.

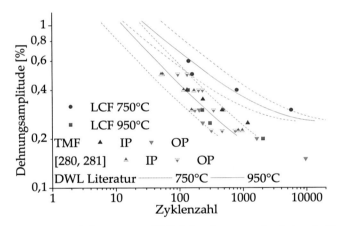

Abb. 4.35: Dehnungswöhlerlinien von IN738LC der thermo-mechanischen In-Phase- und Out-of-Phase-Beanspruchung mit Literaturdaten von Yandt et al. [281, 282], welche mit den isothermen Ermüdungsdaten und der exponentiellen Anpassung der Literaturdaten für 750 °C und 950 °C gegenübergestellt werden.

Den gleichen Temperaturzyklus untersuchten Chen et al. [283], allerdings wurden die mechanischen Dehnungen in der Publikation nicht angegeben. Darüber hinausgehend wurden TMF-Untersuchungen mit IP- und OP-Belastung der Nickelbasis-Superlegierung IN738LC von Hyun et al. [284] sowie Fleury und Ha [285] im Temperaturbereich von 450 °C bis 850 °C durchgeführt. Ein größerer Temperaturzyklus wurde sowohl von Engberg und Larsson [286] mit 400 °C und 850 °C sowie von Huang et al. [287] mit 450 °C bis 900 °C als auch von Esmaeili et al. [288, 289] mit 400 °C bis 900 °C untersucht. Die umfangreichsten Untersuchungen des TMF-

Verhaltens von IN738LC wurden an der Bundesanstalt für Materialforschung und -prüfung (BAM) von Meersmann et al. [59, 101], Frenz et al. [290] sowie Ziebs et al. [60, 280] durchgeführt. In den Studien der BAM-Forschergruppe wurde sowohl das einachsige als auch das mehrachsige thermo-mechanische Ermüdungsverhalten mit einer Zug/Druck-Torsions-Prüfmaschine untersucht.

Versagen von IN738LC unter einachsiger Hochtemperaturermüdung

Die Verformung von IN738LC ist im Temperaturbereich von 750 °C bis 950 °C sowohl für die isotherme als auch die thermo-mechanische Ermüdung von der Bewegung von Versetzungen geprägt. Die Versetzungsanordnung ist sowohl bei 750 °C als auch 950 °C von der Dehnrate abhängig. Bei niedrigen Dehnraten $\dot{\varepsilon}$ von 10^{-5} s^{-1} tritt eine homogene Versetzungsverteilung auf, wobei die Versetzungen vor allem in der Matrix zu finden sind. In den γ'-Ausscheidungen befinden sich kaum Versetzungen, da diese durch Klettern umgangen werden. Im Fall höherer Dehnraten $\dot{\varepsilon}$ von 10^{-3} s^{-1} wird in der Literatur eine teilweise Konzentration der Versetzung in Gleitbändern gefunden, wobei die Versetzungen die γ'-Teilchen schneiden und Stapelfehler [202, 291–293] oder Antiphasengrenze [201] hinterlassen. Die mikrostrukturellen Untersuchungen im Rahmen der Arbeit bestätigen die Ergebnisse der Literatur und werden beispielhaft anhand von transmissionselektronenmikroskopischen (TEM) Aufnahmen des isothermen Ermüdungsversuches bei 950 °C in Abbildung 4.36 dargestellt. Abbildung 4.36a zeigt die Versetzungsanordnung mit einer homogenen Verteilung

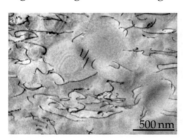

Abb. 4.36: TEM-Aufnahmen der Mikrostruktur von IN738LC nach isothermer Ermüdung bei 950 °C und einer Dehnungsamplitude von 0,3 %. a) Homogene Verteilung der Versetzungen, welche sich hauptsächlich in der Matrix befinden. b) Von Versetzungen geschnittene γ'-Ausscheidung, welche eine Antiphasengrenze erzeugen.

der Versetzungen in der Matrix. Innerhalb der γ'-Ausscheidung sind nur wenige Versetzungen zu finden, da diese vorzugsweise durch Klettern umgangen werden. In seltenen Fällen werden die γ'-Teilchen von Versetzungen geschnitten, so dass, wie in Abbildung 4.36b, entsprechend der Literatur eine Antiphasengrenze entsteht. Die Antiphasengrenze entsteht, wenn eine Versetzung (Superpartialversetzung) mit einem Burgersvektor von a/2 <110> die zwei perfekten γ'-Kristalle gegeneinander verschiebt. Erst eine zweite Versetzung (Superpartialversetzung) mit einem Burgersvektor von a/2 <110> kann die Ordnung der γ'-Kristallstruktur wiederherstellen. Daher werden die γ'-Teilchen von zwei (Paaren) von Superpartialversetzungen geschnitten, welche als Superversetzungen bezeichnet werden [131]. Die in der Literatur beschriebenen Gleitbänder wurden nicht gefunden.

Auf das Versagen der isothermen und thermo-mechanischen Ermüdung haben die Versetzungen keinen wesentlichen Einfluss. Die Rissinitiierung geht grundsätzlich sowohl für die isotherme als auch thermo-mechanische Ermüdung von der Oberfläche aus. Bevorzugter Ort der Rissinitiierung sind die durch Oxidation geschwächten Korngrenzen [202, 281, 288, 289, 291, 292, 294]. In seltenen Fällen können oberflächennahe Defekte und Fehler im interdendritischen Bereich wie gebrochene Karbide, Mikrolunker und Mikroporosität rissinitiierend wirken. Das Risswachstum ist ebenfalls von der zyklischen Versetzungsbewegung unabhängig. Generell wächst der Riss entlang der Korngrenzen und der interdendritische Bereiche [279, 281, 293], wobei der dominierende Anteil des Rissfortschritts aufgrund der großen Korngröße transkristallin erfolgt. Der interkristalline Rissfortschritt ist bevorzugt, da die bereits voroxidierte Korngrenze eine Versprödung darstellt, und tritt auf, wenn die Korngrenzen nahezu senkrecht zur Belastungsrichtung orientiert sind [279, 281]. Falls die Korngrenzen ungünstig zur Belastungsrichtung orientiert sind, findet das Risswachstum entlang der Interdendriten statt. Im interdendritischen Bereich werden die Rissrichtung und das Risswachstum vor allem von den gebrochenen Karbiden beeinflusst, welche innerhalb der plastischen Zone vor der Rissspitze brechen. Mit weiterer zyklischer Beanspruchung wachsen die Risse zwischen den Karbiden entlang des Interdendriten zusammen. Da der interdendritische Bereich Mikrolunker und Mikroporen enthält, die den Materialbereich schwächen, wird dieser gegenüber dem Dendriten bevorzugt. Zurückzuführen sind die Materialfehler auf das Gießen, bei dem der interdendritische Bereich zuletzt erstarrt. Das Risswachstumsverhalten wird an ausgewählten REM-Aufnahmen in Abbildung 4.37 dargestellt.

Abbildungen 4.37a und b zeigen, dass der Riss in IN738LC nicht unbedingt senkrecht zur Belastung wächst, sondern die Risswachstumsrichtung von den Schwachstellen im Gefüge (Korngrenzen und Interdendriten) vorgegeben wird. Deswegen kann wie in Abbildung 4.37b ein derartiger geschlängelter Rissverlauf entstehen, der sowohl Korngrenzen als auch Interdendriten folgt. Abbildungen 4.37c und d stellen Beispiele des Rissfortschritts zwischen den gebrochenen Karbiden dar, welcher entlang der Interdendriten (meistens) bzw. der Korngrenze (selten) verläuft, dar. Die Oxidation der Rissflanken wurde durch eine EDX-Analyse nachgewiesen und ergab, dass neben Sauerstoff, Chrom und Aluminium vorlag. Demzufolge existierten hauptsächlich Cr_2O_3 und kaum Al_2O_3 Oxidationsschichten auf den Riss-

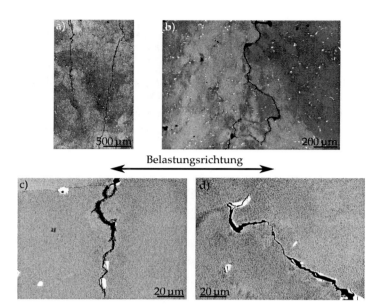

Abb. 4.37: REM-Aufnahmen im BSE-Kontrast des Risswachstums der isothermen und thermo-mechanischen Ermüdung von IN738LC. a) Makroskopischer Rissverlauf bei 950 °C und und $\epsilon_A = 0,3\,\%$. b) Geschlängelter Rissverlauf entlang von Interdendriten und Korngrenzen für die OP-Belastung und $\epsilon_A = 0,25\,\%$. Detaillierte Betrachtung des Rissfortschritts zwischen den Karbiden entlang c) von Interdendriten (OP-Beanspruchung $\epsilon_A = 0,25\,\%$) und d) der Korngrenze (IP-Beanspruchung $\epsilon_A = 0,35\,\%$).

flanken. Weiterhin konnte eine Voroxidation der Korngrenze durch Cr_2O_3 anhand von EDX-Messungen nachgewiesen werden. Die Ausprägung der Oxidationsschicht wird nach Esmaeili et al. [288, 289] hauptsächlich von der Dehnungsamplitude und den Haltezeiten bestimmt. In den REM-Untersuchungen wurde deutlich, dass die Rissflanken der OP-Belastung stärker als die der IP-Belastung oxidiert sind. Das unterschiedliche Oxidationsverhalten kann sowohl auf die unterschiedliche Versuchsdauer als auch auf die Mittelspannungen zurückgeführt werden, welche die Zeit der Rissöffnung beeinflussen.

In der Literatur wurde ein derartiges Rissinitiierungs- und Risswachstumsverhalten von IN738LC von Yandt el al. [281, 282], Wahi et al. [293], Jiao et al. [291], Chen et al. [279, 292] sowie Bettge [202] bereits beschrieben.

4.3 Biaxial-planare Hochtemperaturermüdung

In diesem Abschnitt soll das isotherme Ermüdungsverhalten für die Nickelbasis-Superlegierungen Waspaloy™ und IN738LC unter mehreren biaxial-planaren Lastfällen charakterisiert werden. Weiterhin werden die Ergebnisse des ersten biaxial-planaren thermo-mechanischen Ermüdungsversuchs dargestellt, womit die Machbarkeit der biaxial-planaren TMF-Prüfung erstmalig nachgewiesen wird.

4.3.1 Waspaloy™

Isotherme biaxial-planare Ermüdung

Die biaxial-planaren isothermen Ermüdungsversuche wurden sowohl bei 400 °C als auch 650 °C für unterschiedliche proportionale Dehnungsverhältnisse entsprechend Tabelle 3.1 durchgeführt. Das proportionale Dehnungsverhältnis von $\Phi = 0{,}6$ stellt eine reale Beanspruchung in einer Turbinenscheibe dar. Nach Borchert [211, 212] sind die Spannungsverhältnisse von 0,6 und 0,8 für das Versagen relevant. Dieses Spannungsverhältnis wurde anhand von Schleuderversuchen bestimmt. Details zur Versuchsdurchführung sind in Abschnitt 3.1.3 angegeben und die Sollwertverläufe für die biaxial-planaren Lastfälle sind in Abbildung 3.10 dargestellt.

Da der tragende Querschnitt in der biaxial-planaren Prüfung unbekannt ist, siehe Abschnitt 2.4, werden die Hysteresen bei halber Lebensdauer in Form von Kraft-Dehnungs-Diagrammen für beide Achsen in Abbildung 4.38 dargestellt. Die Versuche werden für die Prüftemperaturen 400 °C und 650 °C separat in Abbildung 4.38a bzw. b ausgewertet.

In Abbildung 4.38a liegen die äquibiaxialen Hysteresen der beiden Achsen für beide Vergleichsdehnungen $\epsilon_{V_A}^{GEH}$ 0,47 % und 0,67 % jeweils übereinander und sind zum Koordinatenursprung in Richtung einer Zugmittelkraft verschoben. Im Fall der Scherung (Abbildung 4.38b) ist eine Deckungsgleichheit beider Achsen nur für die kleine Vergleichsdehnung $\epsilon_{V_A}^{GEH}$ von 0,45 % gegeben. Bei der höheren Vergleichsdehnungsamplitude von 0,66 % weichen die Hysteresen in der Kraftamplitude und der Steifigkeit (Anstieg) voneinander ab. Aus der Kraft- und Steifigkeitsentwicklung während der Ermüdung wird deutlich, dass infolge der Verformung der kreuzförmigen Probe ein größerer tragender Querschnitt für die Achse 1 und ein kleinerer für Achse 2 entsteht. Allerdings bleiben die zugehörigen Kraftkomponenten (F_{max_1} und F_{min_2} sowie umgekehrt) bei der betragsmäßigen Addition über den gesamten Versuch in etwa gleich.

Die Hysteresen der beiden Achsen bei 650 °C, siehe Abbildung 4.38c, sind im äquibiaxialen Lastfall für beide Vergleichsdehnungsamplituden geringfügig zueinander

115

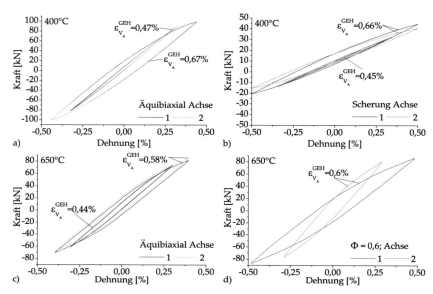

Abb. 4.38: Hysteresen bei $N_f/2$ für die Nickelbasis-Superlegierung Waspaloy™ für $R_\epsilon = -1$ unter biaxial-planarer isothermer Ermüdung bei 400 °C für die a) äquibiaxiale Beanspruchung sowie b) Scherung und bei 650 °C für die c) äquibiaxiale Beanspruchung sowie das d) Dehnungsverhältnis $\Phi = 0,6$.

verschoben, wobei der Kurvenverlauf konform ist. Der Ermüdungsversuch mit dem proportionalen Dehnungsverhältnis $\Phi = 0,6$ (Abbildung 4.38d) zeigt erwartungsgemäß abweichende Kraft-Dehnungs-Hysteresen in den Achsen. Da in allen Hysteresen die Maximalkraft vom Betrag höher als die Minimalkraft ist, sind diese zum Koordinatenursprung um ein Zugmittelkraft verschoben.

Die Auswertung bzw. Berechnung der Spannungen der biaxial-planaren Ermüdungsversuche erfolgt mit dem Teilentlastungsverfahren wie in Abschnitt 2.4 dargestellt. Zur Spannungsberechnung ist die Kenntnis der elastischen Konstanten erforderlich, wobei die Querkontraktionszahl ν_{el} mit 0,3 und der E-Modul mit 194000 MPa für 400 °C sowie 177000 MPa für 650 °C angenommen wurde. Die Werte stammen aus dem Werkstoffdatenblatt der DIN EN 10302 (06/2008) von Waspaloy™, wobei eine lineare Interpolation genutzt wurde, um den E-Modul für 650 °C anzunähern.

Das biaxiale Wechselverformungsverhalten wird den einachsigen Ermüdungsversuchen in den Abbildungen 4.39 und 4.40 für 400 °C bzw. 650 °C gegenübergestellt. Die Darstellung beschränkt sich auf den Vergleich des Spannungsamplitudenverlaufes, da die Entwicklung der Mittelspannungen grundsätzlich mit den einachsigen Ermüdungsversuchen übereinstimmt.

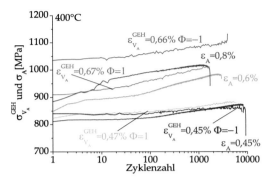

Abb. 4.39: Biaxial-planare Wechselverformungskurven von Waspaloy™ im Vergleich zu den einachsigen Ermüdungsversuchen bei 400 °C.

Die Wechselverformungskurven unter äquibiaxialer Beanspruchung mit $\Phi = 1$ weisen im Vergleich zu den einachsigen Versuchen einen analogen Verlauf auf, welcher aufgrund der höheren Dehnungsamplitude als 0,45 % und 0,6 % zu geringfügig höheren Vergleichsspannungsamplituden verschoben ist. Im Fall der Scherbeanspruchung $\Phi = -1$ kommt ausschließlich die Vergleichsdehnungsamplitude $\epsilon_{V_A}^{GEH}$ von 0,45 % nahezu zur Deckung. Die größere Dehnungsamplitude $\epsilon_{V_A}^{GEH}$ mit 0,66 % bewirkt nach der Berechnung mit dem Teilentlastungsverfahren eine um 100 bis 150 MPa höhere Spannungsamplitude als der einachsige Referenzversuch. Demzufolge versagt das Teilentlastungsverfahren im Fall der Scherung bei hohen Dehnungsamplituden. Die Ursache ist, wie bereits im Abschnitt 2.4 beschrieben, dass der Messbereich im kraftfreien Zustand eine Zwängung (Eigenspannung) durch den Lastübertragungsring erfährt. Da die Spannungsberechnung für kleine Dehnungsamplituden geeignet ist, tritt die Zwängung des Messbereiches erst mit der größeren plastischen Verformung auf, welche entsprechend der Hysteresen in Abbildung 4.38 zu einer Veränderung der Steifigkeit und somit zu einer Deformation der kreuzförmigen Probe führt. Für das äquibiaxiale Dehnungsverhältnis bei 400 °C ist die Spannungsberechnung nach dem Teilentlastungsverfahren adäquat.

Die Vergleichsspannungsamplituden für das äquibiaxiale Dehnungsverhältnis bei 650 °C in Abbildung 4.40 weisen, wie bei 400 °C, einen ähnlichen Verlauf zu den einachsigen Versuchen auf. Im Gegensatz zum einachsigen Kurvenverlauf mit 0,4 % Dehnung zeigt der äquibiaxiale Ermüdungsversuch mit $\epsilon_{V_A}^{GEH} = 0,44$ % in den ersten drei Zyklen eine Verfestigung sowie anschließend eine geringere zyklische Entfestigung. Die etwas höheren Spannungsamplituden werden durch die höhere Ver-

117

gleichsdehnungsamplitude verursacht. Dementsprechend liegt der äquibiaxiale Versuch mit $\epsilon_{V_A}^{GEH} = 0{,}58\,\%$ etwas unterhalb des einachsigen Referenzversuches.
Der biaxial-planare Ermüdungsversuch mit dem Dehnungsverhältnis Φ von 0,6 und der Vergleichsdehnungsamplitude von 0,6 % zeigt zum einachsigen Versuch einen kongruenten Spannungsverlauf, wobei die Spannungsamplitude um etwa 70 bis 80 MPa reduziert ist. Die geringen Abweichungen deuten daraufhin, dass eventuell die Gestaltänderungsenergiehypothese nach von Mises den Belastungsfall nicht exakt wiedergeben werden kann oder das Teilentlastungsverfahren ungeeignet ist. Allerdings sind die Unterschiede kleiner als 10 % und kann daher vernachlässigt werden.

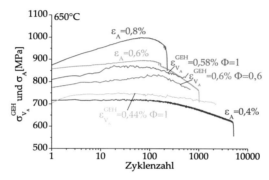

Abb. 4.40: Biaxial-planare Wechselverformungskurven von Waspaloy™ im Vergleich zu den einachsigen Ermüdungsversuchen bei 650 °C.

Aufgrund der Ergebnisse bei 400 °C und 650 °C sind das Teilentlastungsverfahren sowie die Gestaltänderungsenergiehypothese nach von Mises beidermaßen für die Dehnungsverhältnisse $\Phi = 1$; 0,6 und -1 (kleine Dehnungsamplituden) für die Berechnung der Vergleichsdehnungen und -spannungen geeignet.

Die biaxial-planaren Spannungs-Dehnungs-Werte für die halbe Lebensdauer werden in Abbildung 4.41 in die zyklischen Spannungs-Dehnungs-Kurven der einachsigen Ermüdungsversuche eingeordnet. Da die Datenbasis für den jeweiligen Belastungsfall und die Temperatur höchstens aus zwei Versuchen besteht, wird auf die Darstellung der Parameter der Ramberg-Osgood-Anpassung verzichtet. Hingegen gelingt die Beschreibung der zyklischen Spannungs-Dehnungs-Kurve auf Basis der Einstufenversuche. Die biaxial-planaren Spannungs-Dehnungs-Werte sind für 650 °C sowohl für das Dehnungsverhältnis Φ von 1 als auch 0,6 nahezu deckungsgleich mit den einachsigen Einstufenversuchen. Ebenfalls kommen die isothermen biaxial-planaren Ermüdungsversuche bei 400 °C für den äquibiaxialen Lastfall mit den einach-

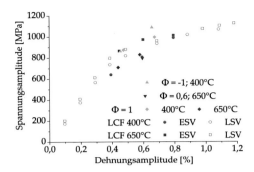

Abb. 4.41: Zyklische Spannungs-Dehnungs-Kurve der isothermen biaxial-planar Ermüdungsversuche mit dem Dehnungsverhältnis Φ von 1; 0,6 und -1 von Waspaloy™ im Vergleich zur einachsigen Ermüdung bei 400 °C und 650 °C.

sigen Werten zur Deckung. Im Fall der Scherbeanspruchung kann nur die kleine Dehnungsamplitude $\epsilon_{V_A}^{GEH} = 0,45\,\%$ von den einachsigen Versuchen abgebildet werden. Für die Vergleichsdehnungsamplitude $\epsilon_{V_A}^{GEH} = 0,66\,\%$ versagt, wie bereits für die Wechselverformungskurven beschrieben, das Teilentlastungsverfahren.

Da sämtliche Versuche ein proportionales Dehnungsverhältnis aufweisen, siehe Tabelle 3.1, ist keine stärkere zyklische Verfestigung unter biaxial-planarer Beanspruchung zu erwarten. Erst mit einem Phasenversatz zwischen den Achsen wird Waspaloy™ als planar gleitender Werkstoff eine erheblich stärkere zyklische Verfestigung als die einachsige Beanspruchung erfahren [21–23, 87, 102].

Die Lebensdauern unter biaxial-planarer Beanspruchung werden in Abbildung 4.42 zu den einachsigen Lebensdauern und der Dehnungswöhlerlinie sowie den Streubändern der Literaturdaten bei 400 °C und 650 °C dargestellt. Aufgrund der kleinen Datenbasis werden die Koeffizienten und Exponenten der Basquin und Manson-Coffin-Anpassung nicht bestimmt. Die Dehnungswöhlerlinie wird auf Basis der Gesamtdehnungsamplitude bzw. der Gesamtvergleichsdehnungsamplitude dargestellt. Die Lebensdauerdaten der biaxial-planaren Ermüdungsversuche sowohl für beide Temperaturen 400 °C und 650 °C als auch für die Dehnungsverhältnisse Φ von 1; 0,6 und -1 fallen alle in das Streuband der einachsigen Literaturdaten. Demzufolge ist die Gestaltänderungsenergiehypothese (GEH) nach von Mises in der Lage, den biaxialen Spannungszustand in einen fiktiven einachsigen zu überführen, so dass eine Lebensdauerbeschreibung der biaxial-planaren Ermüdungsversuche auf Basis der einachsigen Ermüdungsversuche (Messdaten und Literaturdaten) sowohl für 400 °C als auch für 650 °C gelingt. Dieses Ergebnis ist konträr zur Literatur [48,

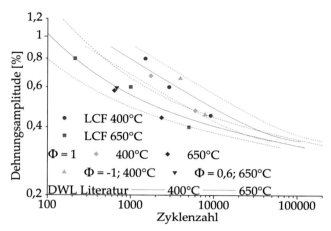

Abb. 4.42: Dehnungswöhlerlinien der isothermen biaxial-planaren Ermüdung an Waspaloy™ mit den Dehnungsverhältnissen Φ von 1; 0,6 und -1, welche mit den einachsigen Ermüdungsdaten und den Literaturdaten für 400 °C und 650 °C gegenübergestellt werden.

104, 189, 295], wonach die GEH nach von Mises nicht angewendet werden kann, um eine Lebensdauerbeschreibung der Scherbeanspruchung auf Basis der einachsigen Lebensdauer zu realisieren.

Für nicht-proportionale bzw. phasenverschobene Beanspruchung ist davon auszugehen, dass die GEH nach von Mises keine Lebensdauerbeschreibung auf Basis der einachsigen Lebensdauer ermöglicht, da die zunehmende Schädigung und die Verfestigung nicht abgebildet werden können. Die zusätzliche Schädigung und Verfestigung gehen darauf zurück, dass die Spannungen sich während eines Zykluses entlang eines Spannungspfades ändern und demzufolge mehrere Gleitsysteme aktiviert werden, welche miteinander wechselwirken.

Biaxial-planare thermo-mechanische Ermüdung

Neben der biaxial-planaren isothermen Ermüdung von Waspaloy™ wurde der erste biaxial-planare thermo-mechanische Ermüdungsversuch durchgeführt. Details zu den Versuchsparametern sowie zur Versuchsdurchführung werden in Abschnitt 3.1.3 beschrieben, und der Signalverlauf für die Sollwerte ist in Abbildung 3.10d dargestellt.

Eine Spannungsberechnung über das Teilentlastungsverfahren für die biaxial-planare thermo-mechanische Ermüdung ist nicht möglich, da sich der E-Modul mit der Temperatur ändert und somit eine lineare Regression die elastische Entlastung nach Lastumkehr nicht exakt abbilden kann. Aus diesem Grund werden im Folgenden Kräfte statt Spannungen gegenübergestellt. Die Vergleichbarkeit zwischen den biaxial-planaren Versuchen wird durch die Verwendung einer Vergleichskraft entsprechend der Gestaltänderungsenergiehypothese nach von Mises, siehe Gleichung 4.5, sichergestellt. Die Hauptnormalspannungen nach Gleichung 2.15 werden für den zweiachsigen Spannungszustand durch die Kräfte in beiden Achsen ersetzt, so dass sich die Vergleichskraft zu

$$F_V^{GEH} = \sqrt{(F_1)^2 + (F_2)^2 - F_1 F_2} \qquad (4.5)$$

ergibt [15]. Jedoch ist die Vergleichbarkeit nur bei gleicher tragender Fläche gegeben und daher auf die isothermen biaxial-planaren Ermüdungsversuche unter äquibiaxialer Last beschränkt.

Abbildung 4.43 zeigt die Kraft-Dehnungs-Hysteresen für beide Achsen bei halber Lebensdauer der äquibiaxialen Ermüdungsversuche sowohl bei isothermer (400 °C und 650 °C) als auch bei thermozyklischer Temperaturführung. Um die Vergleichbarkeit zu wahren, wurden die Versuche mit einer Vergleichsdehnungsamplitude von etwa 0,45 % gegenübergestellt. Die äquibiaxiale thermo-mechanische In-Phase-

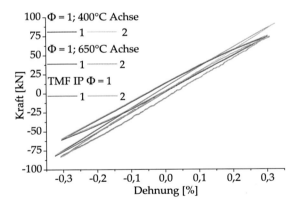

Abb. 4.43: Hysteresen bei $N_f/2$ für die Nickelbasis-Superlegierung Waspaloy^{TM} für R_ε = -1 unter biaxial-planarer isothermer und thermo-mechanischer Ermüdung für das Dehnungsverhältnis $\Phi = 1$ bei Unter- und Obertemperatur von 400 °C bzw. 650 °C.

Belastung führt zu deckungsgleichen Hysteresen in beiden Achsen. Die Maximalkraft der äquibiaxialen TMF IP-Belastung bei 650 °C kann sehr gut durch die äquibiaxiale isotherme Ermüdung bei 650 °C beschrieben werden. Das Minimum der Kraft bei 400 °C kann gut mit der isothermen Ermüdung bei 400 °C abgeschätzt

121

werden. Demzufolge liegt die Kraftamplitude der äquibiaxialen TMF IP-Beanspruchung zwischen den isothermen Werten bei 400 °C und 650 °C. Die Gegenüberstellung mit den isothermen Hysteresen macht deutlich, dass die Kräfte stets etwas oberhalb der thermo-mechanischen Hysteresen liegen. Der Unterschied ist auf die sich einstellenden Mittelkräfte bei halber Lebensdauer zurückzuführen, welche bei der isothermen Prüfung im Zugbereich liegen und im Fall der TMF IP-Belastung Druckmittelkräfte annehmen.

Der Verlauf der Mittelkräfte sowie der Kraftamplituden in Abhängigkeit der Zyklenzahl ist in Abbildung 4.44 dargestellt. Die in der Wechselverformungskurve

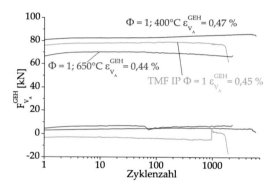

Abb. 4.44: Vergleich der äquibiaxialen Wechselverformungskurven von Waspaloy™ unter isothermer Ermüdung bei 400 °C und 650 °C sowie thermo-mechanischer In-Phase-Ermüdung.

(Abbildung 4.44) gezeigten Vergleichskraftamplituden $F_{V_A}^{GEH}$ sowie die Vergleichsmittelkräfte $F_{V_m}^{GEH}$ sind nach Gleichung 4.5 definiert. Die Vergleichskraftamplitude des äquibiaxialen ($\Phi = 1$) TMF IP-Versuchs ordnet sich, wie bereits aus den Hysteresen zu erkennen (Abbildung 4.43) zwischen den äquibiaxialen Versuchen bei 400 °C und 650 °C), ein. Der Vergleichsamplitudenverlauf ähnelt dem Ermüdungsversuch von 650 °C und zeigt in den ersten Zyklen eine geringe zyklische Verfestigung. Daran schließt sich ein zyklisch stabiles Verhalten bis zum Versagen an. Das Versagen ist von der Abnahme der Vergleichskraftamplitude gekennzeichnet. Die Vergleichsmittelkräfte der isothermen Versuche befinden sich im Zugbereich und nehmen genauso wie die der einachsigen isothermen Ermüdungsversuche, siehe Abbildung 4.14 und 4.15, kontinuierlich während der Ermüdung zu. Der Mittelkraftverlauf des äquibiaxialen TMF IP-Ermüdungsversuches beginnt erwartungsgemäß im Druckbereich und sinkt kontinuierlich mit der Versuchsdauer. Die Unstetigkeit im Mittelkraftverlauf resultiert aus der Wiederaufnahme des Versuches nach einer Unterbrechung, wobei die Mittelkraft nicht angefahren werden konnte. Mit der Wiederaufnahme wurde keine zusätzlich Schädigung eingebracht, was an der Vergleichskraftamplitude zu erkennen ist. Allerdings bewirkt die höhere Zugmittelkraft im Laufe der Ermüdung eine zunehmende Schädigung und führt vermutlich zu einer marginalen Lebensdauerreduktion.

Die Lebensdauer des äquibiaxialen In-Phase TMF-Versuches wird in Relation zu den einachsigen als auch zweiachsigen Ermüdungsversuchen bei 650 °C betrachtet, da bereits die Lebensdauer der einachsigen TMF IP-Versuche mit den isothermen LCF-Versuchen bei 650 °C beschrieben werden konnte. Neben den isothermen Ergebnissen wird die einachsige TMF IP-Ermüdungslebensdauer in Abbildung 4.45 dargestellt.

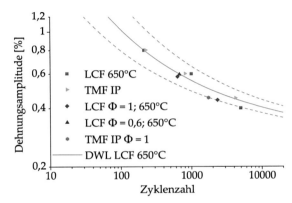

Abb. 4.45: Dehnungswöhlerlinien von Waspaloy™ mit dem thermo-mechanischen biaxial-planaren Ermüdungsversuch mit den Dehnungsverhältnissen Φ von 1, welcher den einachsigen und zweiachsigen isothermen Ermüdungsversuchen bei 650 °C sowie den einachsigen TMF IP-Ermüdungsdaten und der exponentiellen Anpassung der Literaturdaten für 650 °C gegenübergestellt wird.

Abbildung 4.45 zeigt, dass jede Lebensdauer in das Streuband von 2 der Dehnungswöhlerlinie der Literatur für 650 °C fällt. Trotz der Wiederaufnahme des äquibiaxialen IP TMF-Versuches und der einhergehenden Unstetigkeit im Vergleichsmittelkraftverlauf ist die Lebensdauerreduktion unwesentlich, so dass eine Lebensdauerbeschreibung auf Basis der einachsigen Literaturdaten möglich ist. Demzufolge ist die Verwendung der Gestaltänderungsenergiehypothese nach von Mises geeignet, um eine Vergleichbarkeit vom zweiachsigen mit dem einachsigen Spannungszustand sicherzustellen. Literaturdaten aus der thermo-mechanischen Zug/Druck-Torsions-Ermüdungsprüfung, siehe Abschnitt 2.3.1, von Brooks et al. [97–99], Ogata [100] und Meersmann et al. [59, 101] bestätigten, dass die GEH nach von Mises für die Lebensdauerkorrelation der proportionalen mechanischen Beanspruchungen geeignet ist. Allerdings konnte der biaxial-planare äquibiaxiale Spannungszustand bisher unter thermo-mechanischer Ermüdung nicht realisiert werden, da hierfür sowohl eine innere als auch äußere Druckbeaufschlagung in der Zug/Druck-Torsions-Prüfung erforderlich wäre.

4.3.2 IN738LC

Isotherme biaxial-planare Ermüdung

Die biaxial-planare Ermüdung von IN738LC wurde ausschließlich bei 750 °C für zwei Dehnungsverhältnisse Φ untersucht. In Abschnitt 3.1.3 werden die Versuchsparameter sowie die Versuchsdurchführung beschrieben und der Sollwertverlauf ist in Abbildung 3.10 dargestellt.

Ebenfalls, wie bei Waspaloy^{TM} , erfolgt aufgrund des unbekannten tragenden Querschnittes die Darstellung der Hysteresen für IN738LC in Form von Kraft-Dehnungs-Kurven bei halber Lebensdauer. In Abbildung 4.46 werden die Kraft-Dehnungs-Hysteresen für beide Dehnungsverhältnisse $\Phi = 1$ und $\Phi = -1$ für beide Achsen dargestellt.

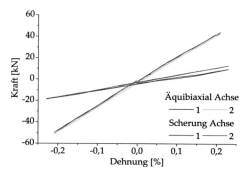

Abb. 4.46: Hysteresen bei $N_f/2$ für die Nickelbasis-Superlegierung IN738LC für $R_\epsilon = -1$ unter biaxial-planarer isothermer Ermüdung für das Dehnungsverhältnissen Φ 1 und -1 bei 750 °C.

Die äquibiaxialen Hysteresen in Abbildung 4.46 sind vom Kurvenverlauf zueinander konform und leicht versetzt. Der Versatz ist auf den abweichenden Dehnungsabgleich mit 0 % zurückzuführen. Zum Koordinatenursprung sind die Hysteresen kaum verschoben, so dass keine Mittelspannung vorliegt. Weiterhin sind in den Hysteresen Unstetigkeiten zu erkennen, welche durch Regelungsungenauigkeiten in der Temperatur von ±2 K hervorgerufen werden.

Die Kraft-Dehnungs-Hysteresen unter Scherung sind im Druckbereich (3. Quadranten) nahezu deckungsgleich. Im Zugquadranten liegt die Kraft der zweiten Achse über der der ersten. Der Unterschied im Zugbereich kann auf eine Anisotropie aus der Kornorientierung aufgrund der großen Korngröße von IN738LC zurückzuführen sein. Eine weitere Ursache für die Abweichungen im Zugquadranten können Materialfehler, wie Lunker, sein. Ebenfalls kann der Scherbelastungsfall, wie bei Waspaloy^{TM}, zu einer Verformung der kreuzförmigen Probe führen, welche die Unterschiede in den Hysteresen verursacht. Allerdings ist davon auszugehen, dass eventuelle Materialfehler sowie der Einfluss der Kornorientierung wahrscheinlicher sind als die Deformation der kreuzförmigen Probe, da die Vergleichsdehnungsamplitude mit 0,3 % sehr gering ist und somit hauptsächlich eine elastische Verformung vorliegt. Die Hysteresen der beiden Achsen sind zum Koordinatenursprung kaum verschoben, wodurch keine Mittelspannungen zu erwarten sind.

Die Spannungsberechnung für die biaxial-planaren Ermüdungsversuche von IN738LC erfolgt, wie für Waspaloy^{TM}, mit dem Teilentlastungsverfahren, welches im Abschnitt 2.4 beschrieben wird. Grundvoraussetzung ist die Kenntnis der elastischen Konstanten, wie E-Modul und der elastischen Querkontraktionszahl ν_{el}. Die Querkontraktionszahl ν_{el} wurde mit 0,3 angenommen, und der E-Modul wurde infolge der Last- bzw. Dehnungsamplitudenabhängigkeit, siehe einachsige Hysteresen in Abbildung 4.26a, aus der Neukurve des einachsigen Ermüdungsversuches mit der Dehnungsamplitude von 0,3 % bestimmt. Die lineare Regression des Anstiegs der Neukurve ergab somit für 750 °C einen E-Modul von 136800 MPa.

Das biaxial-planare Wechselverformungsverhalten von IN738LC wird in Abbildung 4.47 mit den einachsigen Ermüdungsversuchen bei 750 °C verglichen. Da die biaxial-planaren Versuche über die gesamte Versuchsdauer einen nahezu mittelspannungsfreien Zustand aufweisen, beschränkt sich die Darstellung in Abbildung 4.47 auf den Spannungsamplitudenverlauf.

Der Spannungsamplitudenverlauf für die isothermen biaxial-planaren Ermüdungsversuche ist für beide Dehnungsverhältnisse mit $\Phi = 1$ (äquibiaxiale Beanspruchung) und -1 (Scherbelastung) nahezu deckungsgleich. Die maximale Abweichung zwischen dem äquibiaxialen Lastfall und dem einachsigen Versuch ist circa 10 MPa, wobei die Spannungsamplituden grundsätzlich über den einachsigen Werten liegen. Ebenfalls liegen die Spannungswerte für die Scherbelastung oberhalb der einachsigen Daten, allerdings ist die maximale Differenz 20 MPa. Die Abweichungen könnte auf die geringfügig höhere Vergleichsdehnungsamplitude zurückzuführen sein. Demzufolge sind ebenfalls, wie bei Waspaloy^{TM}, das Teilentlastungsverfahren als auch die Gestaltänderungsenergiehypothese nach von Mises für die Vergleichsspannungs- und Vergleichsdehnungsberechnung der äquibiaxialen Bean-

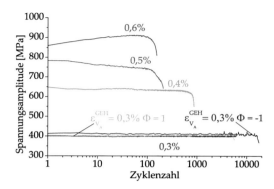

Abb. 4.47: Biaxial planare Wechselverformungskurven von IN738LC im Vergleich zu den einachsigen Ermüdungsversuchen bei 750 °C.

spruchung und Scherung geeignet. Hinsichtlich Scherung ist gemäß der Ergebnisse der Wechselverformungskurven (Abbildung 4.39) von Waspaloy^{TM} zu erwarten, dass die Spannungsberechnung nach dem Teilentlastungsverfahren mit höheren Vergleichsdehnungsamplituden versagt.

Da sowohl Vergleichsspannungsamplituden als auch Vergleichsdehnungsamplitude bei halber Lebensdauer mit den einachsigen Versuch übereinstimmen, wird auf eine Darstellung der biaxial-planaren Daten in der zyklischen Spannungs-Dehnungs-Kurve verzichtet.

Die Einordnung der biaxial-planaren Lebensdauern erfolgt in Abbildung 4.48 zu den einachsigen Daten sowie der Dehnungswöhlerlinie und dem entsprechenden Streuband der Literaturdaten von 2. Aufgrund der Einzelwerte entfällt sowohl die Beschreibung der zyklischen Spannungs-Dehnungs-Kurve nach dem Ramberg-Osgood-Ansatz als auch die Lebensdauerbeschreibung entsprechend dem Basquin und Manson-Coffin-Ansatz.

Die Lebensdauer der äquibiaxialen Beanspruchung fällt in das Streuband von 2 und befindet sich mit dem deckungsgleichen einachsigen Referenzversuch am oberen Streuband. Im Fall der Scherbelastung wird eine erheblich höhere Lebensdauer erreicht, welche nicht im typischen Streuband für Ermüdungsversuche liegt. Gegenüber der Dehnungswöhlerlinie der Literaturdaten wird unter Scherung eine sechsfach höhere Lebensdauer erreicht. Dementsprechend ist sie unter Scherung im Vergleich zum einachsigen Referenzversuch um den Faktor 3 erhöht.

Die Verwendung der Gestaltänderungsenergiehypothese nach von Mises ermöglicht somit für die äquibiaxiale Beanspruchung eine Lebensdauerbeschreibung auf Ba-

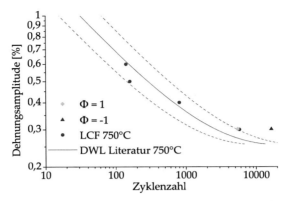

Abb. 4.48: Dehnungswöhlerlinien von IN738LC der isothermen biaxial-planaren Ermüdung mit den Dehnungsverhältnissen Φ von 1 und -1, welche mit den einachsigen Ermüdungsdaten und der exponentiellen Anpassung der Literaturdaten für 750 °C gegenübergestellt werden.

sis der einachsigen Versuche. Die Eignung der GEH nach von Mises für IN738LC wird ebenfalls von Ogata [107] sowie Ogata und Sakai [108] bestätigt. Ogata und Sakai führten isotherme Ermüdungsversuche an IN738LC bei 850 °C unter dem biaxial-planaren Dehnungsverhältnissen Φ von 1, 0 und -1 durch und konnten eine Lebensdauerbeschreibung für alle Lastfälle unter Nutzung der GEH angeben. Da bei Ogata und Sakai für die Scherbeanspruchung eine Lebensdauerkorrelation gelingt, steht das Ergebnis im Gegensatz zu den eigenen Messungen. Allerdings ist die längere Lebensdauer unter Scherung nicht ungewöhnlich und wurde mehrfach in der Literatur beschrieben [14–16, 46, 48, 104]. Im Unterschied zu allen anderen biaxial-planaren Beanspruchungen ist der hydrostatische Anteil bei gleicher deviatorischer Beanspruchung nicht vorhanden. Auf die Anrissbildung an Gleitbändern hat der hydrostatische Anteil keinen Einfluss. An Materialfehlern allerdings wirkt der gesamte Spannungstensor. Womöglich werden durch die fehlende hydrostatische Spannungskomponente die Anrissbildung an Fehlern (Lunkern, Poren und Karbiden) und das Mikrorisswachstum verzögert [15].

4.3.3 Versagen von Waspaloy™ und IN738LC unter biaxial-planarer Hochtemperaturermüdung

Die Rissinitiierung und das Risswachstum für Waspaloy™ und IN738LC sind sowohl vom Verlauf innerhalb der Mikrostruktur als auch von den Mechanismen identisch zu den Beschreibungen bei der einachsigen Hochtemperaturermüdung, welche in den Abschnitten 4.2.1 bzw. 4.2.2 angegeben sind. Für Waspaloy™ wird unter biaxial-planarer Beanspruchung der Bruchmechanismenwechsel von 400 °C (hauptsächlich transkristallin) zu 650 °C (hauptsächlich interkristallin) in Abbildung 4.49 deutlich.

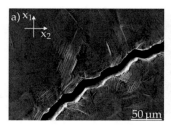

Abb. 4.49: REM-Aufnahme von Waspaloy™ nach dem Versagen unter äquibiaxialer Ermüdung. a) Risspfad im Sekundärelektronenkontrast einer bei 400 °C mit einer Vergleichsspannungsamplitude von 0,67 % beanspruchten Probe mit transgranularem und interkristallinem Bruchanteil. b) Risswachstum im Rückstreuelektronenkontrast einer bei 650 °C mit einer Vergleichsspannungsamplitude von 0,58 % beanspruchten Probe mit hauptsächlich interkristallinem Rissfortschritt. Das Koordinatensystem mit x_1 und x_2 gibt die Hauptspannungsrichtung der biaxialplanaren Beanspruchung an.

Da die grundlegenden Mechanismen der Rissinitiierung und des Risswachstums bereits für beide Nickelbasis-Superlegierungen vorgestellt wurden, sollen in diesem Abschnitt die Auswirkungen des Spannungszustandes auf die Orientierung der Rissinitiierung und die Richtung der Rissausbreitung betrachtet werden.

Die Rissinitiierung bei Waspaloy™ findet an Gleitspuren an der Oberfläche statt. Entsprechend dem Schmid'schen Schubspannungsgesetz ist die maximale Schubspannung entscheidend für die Versetzungsbewegungen in den Gleitsystemen. Im Fall der einachsigen Beanspruchung liegt die makroskopische Schubspannungsebene 45° zur Belastungsrichtung. In der biaxial-planaren Prüfung ist die maximale Schubebene γ_{max} vom Spannungszustand abhängig, wobei einige proportionale Lastfälle in Abbildung 2.5 dargestellt sind.

Für Waspaloy™ stellen die Gleitspuren an der Oberfläche Ausgangspunkte für die Rissinitiierung dar. Zur Untersuchung des Einflusses der Kornorientierung auf die aktivierten Gleitsysteme und damit auf die Anrissbildung erfolgten REM-Untersuchungen mittels Elektronenrückstreubeugung (EBSD). Dazu wurde die oberflächliche Oxidation mit Hilfe des Vibrationspolierens abgetragen. Für die Untersuchungen wurden Bildausschnitte gewählt, in denen viele mikrostrukturell kurze Risse zu finden waren, siehe Abbildung 4.50. Die kristallografische Orientierung der Körner bezüglich des Probenkoordinatensystems (PKS), mit x-, y- und z-Achse, wird über die drei Euler-Winkel (ϕ_1^E, Φ^E und ϕ_2^E) angegeben. ϕ_1^E und ϕ_2^E stellen Rotationen um die z-Achse dar, und Φ^E ist der Winkel der Rotation um die x-Achse.

Abb. 4.50: a) REM-Aufnahme im Rückstreuelektronenkontrast von Waspaloy™ nach dem Versagen unter Scherung bei 400 °C mit einigen mikrostrukturell kurzen Rissen. b) Darstellung der Kornorientierung aus der EBSD-Messung des Bildausschnittes mit entsprechender inverser Polfigur bezüglich der Normalenrichtung der Oberfläche. Die Orientierung im Probenkoordinatensystem wird mit x, y und z dargestellt.

Die Rotationsmatrix R_K der Kornorientierung zum Koordinatensystem ergibt sich zu [32].

$$R_K = \begin{bmatrix} \cos\phi_1^E \cos\phi_2^E - \sin\phi_1^E \sin\phi_2^E \cos\Phi^E & \sin\phi_1^E \cos\phi_2^E + \cos\phi_1^E \sin\phi_2^E \cos\Phi^E & \sin\phi_2^E \sin\Phi^E \\ -\cos\phi_1^E \sin\phi_2^E - \sin\phi_1^E \cos\phi_2^E \cos\Phi^E & -\sin\phi_1^E \sin\phi_2^E + \cos\phi_1^E \cos\phi_2^E \cos\Phi^E & \cos\phi_2^E \sin\Phi^E \\ \sin\phi_1^E \sin\Phi^E & -\cos\phi_1^E \sin\Phi^E & \cos\Phi^E \end{bmatrix}$$
$$(4.6)$$

Aus der Kornorientierung lässt sich die Lage möglicher Gleitsysteme (Gleitebene und Gleitrichtung) bestimmen, allerdings sind das aktive Gleitsystem und die entsprechende Schubspannung darin unbekannt. Zur Lösung wird der Spannungszustand aus dem Hauptspannungskoordinatensystem durch Rotation um die z-Achse in das Probenkoordinatensystem gedreht. Dafür wird der Spannungstensor mit der Rotationsmatrix multipliziert. Die Transformation ermöglicht die Beschreibung des Spannungszustandes im Probenkoordinatensystem. Die Gleitebenen im Probenkoordinatensystem können als beliebige Ebenen im Infinitesimal-Tetraeder, siehe Abbildung 2.1, betrachtet werden. Um schließlich den Spannungsvektor in der Gleitebene zu berechnen, wird die Formel nach Cauchy, siehe Gleichung 2.4, verwendet. Dafür ist die Kenntnis des Spannungstensors und des Normalenvektors $\vec{n}_{REMK}^{GE}$ der Gleitebene im Probenkoordinatensystem erforderlich, welche sich aus der Multiplikation der Rotationsmatrix R_K und des Normalenvektors $\vec{n}_G^{GE}$ der Gleitebene der Gitterstruktur ergeben.

$$\vec{n}_{PKS}^{GE} = R_K \, \vec{n}_G^{GE} \tag{4.7}$$

Für Nickelbasis-Superlegierungen mit einer kfz-Gitterstruktur liegen vier gleichwertige Gleitebenen {111} vor. In der Gleitebene gibt es drei gleichwertige Gleitrichtungen ⟨110⟩, welche aufgrund des kürzesten Abstandes zwischen den Atomen die Burgersvektoren $\vec{b}_G$ darstellen. Die Beschreibung der Burgersvektoren $\vec{b}_{PKS}$ im

Probenkoordinatensystem erfolgt analog zu Gleichung 4.7. Demzufolge ergeben sich 12 mögliche Gleitsysteme, welche die Verformung von Nickelbasis-Superlegierungen sicherstellen.

Die Schubspannung $\vec{\tau}_{GS}$ innerhalb des Gleitsystems ergibt sich aus der Projektion des Spannungsvektors der Gleitebene $\vec{t}_{GE}$ in Richtung der Burgersvektoren.

$$\vec{\tau}_{GS} = \vec{t}_{GE} \, \vec{b}_{PKS} \tag{4.8}$$

Grundsätzlich ist das Gleitsystem mit der höchsten Schubspannung für die Verformung innerhalb des Korns verantwortlich.

Der Spannungszustand wurde für die isothermen biaxial-planaren Ermüdungsversuche bei 400 °C für die halbe Lebensdauer bestimmt. Die Hauptspannungen für den äquibiaxialen Lastfall mit einer Vergleichsdehnungsamplitude von 0,67 % und einer Vergleichsspannungsamplitude von 997 MPa wurden mit σ_{1_A} von 1001 MPa und σ_{2_A} von 993 MPa angenommen. Im Fall der Scherbeanspruchung mit einer Vergleichsdehnungsamplitude von 0,66 % und einer Vergleichsspannungsamplitude von 1090 MPa wurden $\sigma_{1_A} = 647$ MPa und $\sigma_{2_A} = -612$ MPa verwendet. Das negative Vorzeichen der Spannungsamplitude der zweiten Achse resultiert aus dem Phasenversatz von 180° zwischen den Achsen.

Generell lassen sich die meisten mikrostrukturell kurzen Risse für beide Lastfälle mit der Spur der Gleitebene an der Probenoberfläche beschreiben. Die Anrissbildung findet bevorzugt an Gleitsystemen mit den höchsten Schubspannungen statt, wobei nicht unbedingt das Gleitsystem mit maximaler Schubspannung ursächlich ist. Ebenfalls können Zwillingsgrenzen, die entlang der Gleitebenen {111} verlaufen, rissinduzierend wirken, da diese spezielle Großwinkelkorngrenze ein zweidimensionaler Kristallbaufehler ist und zu einer Spannungssingularität führt.

Im äquibiaxialen Lastfall liegen die Schubspannungen der Gleitsysteme im Bereich von 600 MPa bis 820 MPa. Die Schubspannungen auf den anrissbildenden Gleitsystemen liegen unter Scherung zwischen 400 MPa und 500 MPa. Exemplarisch wird für beide Dehnungsverhältnisse $\Phi = 1$ und $\Phi = -1$ in Abbildung 4.51 jeweils ein Bildausschnitt mit mikrostrukturell kurzen Rissen dargestellt. In Abbildung 4.51 wird den Rissen die Gleitebene sowie die Gleitrichtung (Burgersvektor) mit der zugehörigen Schubspannung zugeordnet und zusätzlich die Zwillingsebene eingetragen. Der Bildausschnitt für den äquibiaxialen Lastfall (Abbildung 4.51a) zeigt, dass die Anrissbildung hauptsächlich entlang der Gleitsysteme stattfindet. Der Riss im Zentrum wird von dem Gleitsystem (-1-11)[0-1-1] unter einer Schubspannung von 625 MPa gebildet, welches die maximale Schubspannung aller Gleitsysteme ist. Der Burgersvektor des Gleitsystems liegt nahezu parallel zur Oberfläche mit einem Winkel von 3° in der y-z-Ebene und 26° in der x-y-Ebene. Im benachbarten Zwilling bildet

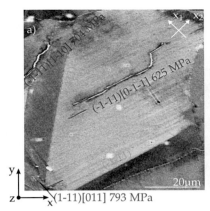

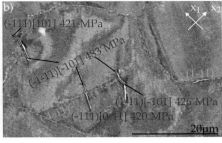

—————— (Gleitebene)[Gleitrichtung] Betrag
der Schubspannung in MPa

------ Zwilling (Zwillingsebene)

(-111)[101] 421 MPa

(-1-11)[-101] 483 MPa

(1-11)[-101] 426 MPa
(-111)[0-11] 420 MPa

(1-11)[011] 793 MPa

Abb. 4.51: Mikrostrukturelle Anrisse im Messbereich der kreuzförmigen Probe nach Ermüdungsversuchen von Waspaloy™ bei 400 °C unter a) dem äquibiaxialen Last-
fall $\Phi = 1$ mit ($\sigma_{1_A} = 1001$ MPa und $\sigma_{2_A} = 993$ MPa) und b) Scherung $\Phi = -1$ mit
($\sigma_{1_A} = 647$ MPa und $\sigma_{2_A} = -612$ MPa). Die Hauptspannungsrichtung der biaxialen
Beanspruchung und die Orientierung des Probenkoordinatensystems werden
durch x_1 und x_2 bzw. x, y und z angegeben.

sich ebenfalls ein Anriss im Gleitsystem mit maximaler Schubspannung (1-11)[011]
793 MPa, welcher an der Zwillingsgrenze in das Gleitsystem (-1-11)[0-1-1] wechselt.
Die Scherbelastung in Abbildung 4.51b zeigt eine Anrissbildung sowohl an
Gleitsystemen und Zwillingsgrenzen (Großwinkelkorngrenzen). Das Gleitsystem
(-1-11)[-101] mit 483 MPa weist die maximale Schubspannung auf. Der Burgersvektor ist um einen Winkel 5° in der y-z-Ebene geneigt und hat einen Winkel von -68°
in der x-y-Ebene. An der Korngrenze und Zwillingsgrenze wechseln die Anrisse die
Richtung entsprechend der Orientierung der Gleitsysteme mit den höchsten Schubspannungen von Nachbarkorn bzw. Zwilling. An der Zwillingsgrenze (1-11) (rechte
Seite in Abbildung 4.51b) entsteht im Zuge der Spannungssingularität an der Kleinwinkelkorngrenze der Anriss.

Die Messungen zeigen, dass die Rissinitiierung von Gleitspuren von Gleitsystemen
mit maximaler Schubspannung sowie Zwillingsgrenzen von der Oberfläche ausgeht.

Die makroskopische Risswachstumsrichtung wird maßgeblich von der maximalen Normaldehnungsebene ϵ_{max} bestimmt. In Abbildung 2.5 werden die maximale Normaldehnungsebene ϵ_{max} und die Rissorientierung an der Oberfläche in Abhängigkeit vom Dehnungsverhältnis dargestellt. Die Rissorientierung innerhalb der
kreuzförmigen Probe wurde für Waspaloy™ und IN738LC für jedes Dehnungsverhältnis Φ und jede Temperatur in einer Universal Elektronenstrahlanlage (*pro beam,*

K26-15/80) untersucht. In Abbildung 4.52 wird sowohl für Waspaloy[TM] als auch für IN738LC für jedes Dehnungsverhältnis bei jeder Prüftemperatur ein exemplarisches Bild der Rissorientierung gezeigt.

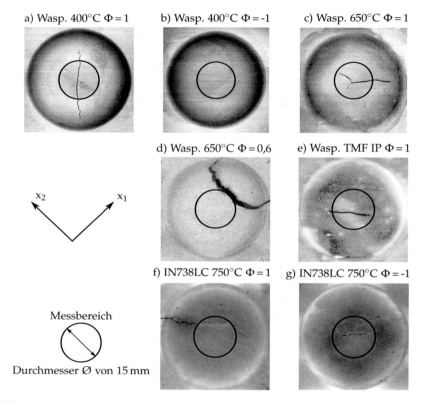

a) Wasp. 400°C Φ = 1   b) Wasp. 400°C Φ = -1   c) Wasp. 650°C Φ = 1

d) Wasp. 650°C Φ = 0,6   e) Wasp. TMF IP Φ = 1

x_2 x_1

f) IN738LC 750°C Φ = 1   g) IN738LC 750°C Φ = -1

Messbereich

Durchmesser Ø von 15 mm

Abb. 4.52: Aufnahmen der Elektronenstrahlanlage im Sekundärelektronenkontrast von den biaxial-planaren Hochtemperaturermüdungsversuchen mit der Rissorientierung innerhalb der kreuzförmigen Probe. Die Versuchsbeschreibung, wie die Nickelbasis-Superlegierung (Wasp. (Waspaloy[TM]), IN738LC), Prüftemperatur (400 °C, 650 °C, TMF oder 750 °C), sowie das Dehnungsverhältnis Φ (1; 0,6 und -1) sind der Beschriftung zu entnehmen und die Vergleichsdehnungsamplituden $\epsilon_{V_A}^{GEH}$ betragen a) 0,67 %; b) 0,44 %; c) 0,58 %; d) 0,6 %; e) 0,45 %; f) 0,3 % und g) 0,3 %.

Grundsätzlich ist der Riss unabhängig von der Nickelbasis-Superlegierung und der Prüftemperatur für die Dehnungsverhältnisse Φ von 1 (äquibiaxialer Lastfall) und -1 (Scherung) 45° zu den Belastungsrichtungen orientiert. Nach Abbildung 2.5 ist die 45°-Richtung zu den Belastungsachsen für Φ von 1 und -1 eine Vorzugsorientierung, welche zu den weiteren angegebenen Rissrichtungen gleichwertig ist. In einigen Versuchen, siehe Abbildung 4.52c, f und g, ist eine Rissverzweigung entlang den weiteren favorisierten Richtungen zu erkennen. Demzufolge sind die Modellvorstellung und die Ergebnisse konsistent zueinander. Die Ursache, weshalb die 45°-Orientierung gegenüber den anderen Rissebenen bevorzugt wird, liegt an der Temperaturverteilung in der Probe, siehe Abbildung 3.8b, und der einhergehenden höheren Schädigung. Eine Bestätigung für die Begünstigung der Rissorientierung von 45° zu den Belastungsachsen wird in den Arbeiten von Cui et al. [115] sowie Wang et al. [113, 114] gegeben. Die Schädigungssimulation auf Basis eines Chaboche-Modells der kreuzförmigen Probe bei hohen Temperaturen entsprechend Wang et al. zeigt eine Konzentration der Schädigung unter 45° zu den Belastungsachsen und eine bevorzugte Anrissbildung im Übergangsbereich vom Messbereich zum Lastübertragungsring. Cui et al. bestätigen anhand von Oberflächen- und metallografischen Aufnahmen die Schädigungssimulation von Wang et al. Der Ort der Anrissbildung ist auf die Kerbwirkung des Radius sowie die zum Messbereich vergleichbaren hohen Temperaturen entsprechend Abbildung 3.8a zurückzuführen. Die Veränderung des Induktordesigns vom Flächeninduktor zum zylindrischen Induktor bewirkt eine Reduktion der Temperatur im Übergangsbereich, so dass innerhalb dieser Arbeit die Anrissbildung häufiger vom Messbereich und etwas seltener vom Übergangsradius ausgeht.

Inwieweit die Anrissbildung bei den biaxial-planaren Ermüdungsversuchen im Messbereich von den zwei Thermoelementdrähten ausgeht und beeinflusst wird, kann anhand der Untersuchungen nicht geklärt werden. In Abbildung 4.53 wird die Versuchskonfiguration mit den Thermoelementdrähten im Messbereich nach dem Versagen gezeigt, wobei die Anrissbildung vermutlich vom Material unterhalb der Thermoelemente ausging. Der weitere Rissverlauf zeigt keinerlei Beeinflussung durch die aufgeschweißten Thermoelemente. Allerdings konnte im Fall einer fehlerhaften Applikation der Drähte, welche eine Kerbwirkung verursachte, eine Anrissbildung sowie ein vorzeitiges Versagen festgestellt werden.

Ein Beispiel für die Anrissbildung im Übergangsbereich ist der Ermüdungsversuch von Waspaloy[TM] mit dem Dehnungsverhältnis Φ von 0,6 bei 650 °C (Abbildung 4.52d). Die makroskopische Rissorientierung für diesen Lastfall ist im Wesentlichen senkrecht zur maximalen Belastungsachse (Achse x_1) ausgerichtet. In Abbildung 2.5 ist der nahezu vergleichbare Lastfall mit $\Phi = 0{,}5$ dargestellt, wonach die maximale Normaldehnungsebene ϵ_{max} senkrecht zur größten Belastungsachse orientiert ist und somit eine oberflächliche Rissorientierung parallel zur kleineren Belastungsachse bevorzugt ist. Im Übergangsbereich zum Lastübertragungsring verlässt der Risspfad die senkrechte Ausrichtung zur größten Belastungsachse und bestätigt damit, dass die gleichwertig bevorzugten Rissorientierungen nach Abbildung 2.5 vorliegen. Das Risswachstum in Dickenrichtung ist abhängig vom Dehnungsverhältnis, wobei

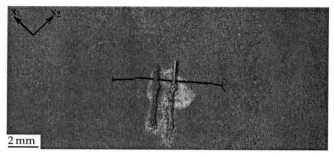

Abb. 4.53: Stereomikroskopische Aufnahme der Versuchskonfiguration der biaxial-plana-ren Ermüdungsversuche mit den aufgeschweißten Thermoelementdrähten und einer Rissinitiierung und Risswachstum im Messbereich. Isothermer Ermü-dungsversuch von IN738LC bei 750 °C unter Scherung ($\Phi = -1$) mit einer Le-bensdauer N_f von 16500 Zyklen.

für Φ von 0,6 und 1 die Rissebene circa 45° zur Oberfläche liegt und bei Scherung mit $\Phi = -1$ die Rissrichtung parallel zur Oberflächennormalen ist. Die Modellvorstel-lung mit der maximalen Schubebene und Normaldehnungsebene nach Abbildung 2.5 zeigt, dass das Risswachstum in Dickenrichtung von der maximalen Scherebene dominiert wird.

4.4 Lebensdauerbeschreibung

In diesem Abschnitt werden Lebensdauermodelle aus der Literatur sowie ein im Rahmen der Arbeit erstelltes Modell vorgestellt, um sowohl die einachsigen isother-men und thermo-mechanischen als auch die biaxial-planaren isothermen Lebens-dauerdaten miteinander zu korrelieren. Dabei besteht die Forderung, dass das Mo-dell für beide Nickelbasis-Superlegierungen Waspaloy™ und IN738LC für die Le-bensdauerbeschreibung geeignet sein soll. Innerhalb dieser Arbeit beschränkt sich die Lebensdauerkorrelation auf die Spannungs- und Dehnungsansätze. Auf eine genauere Betrachtung von Modellen der Schädigungsakkumulation und des Riss-wachstums wird verzichtet [6, 296, 297].

Aus der Gegenüberstellung der LCF- und TMF-Lebensdauerwerte für Waspaloy™ und IN738LC wird deutlich, dass auf Grundlage der Dehnungswöhlerlinie bzw. der Basquin und Manson-Coffin-Beziehung die TMF-Versuche nicht hinreichend genau beschrieben werden können. Jedoch ist für beide Werkstoffe eine konservative Aus-legung auf Basis der LCF-Versuche bei der Obertemperatur (Waspaloy™ 650 °C und IN738LC 950 °C) möglich [257]. Daher sind Modelle, welche den schädigenden Ein-fluss einer Mittelspannung, der Energiedichte der Hysterese als auch den Versagensmechanismus berücksichtigen, erforderlich, um eine genaue Lebensdauervorhersage zu treffen.

Ein häufig verwendeter Parameter für die Beschreibung des schädigenden Einflusses von Mittelspannungen stammt von Smith, Watson, Topper [298]. In den Parameter P_{SWT}, siehe Gleichung 4.9, gehen die maximalen Spannungen bzw. die Vergleichsspannung $\sigma_{V_{max}}^{GEH}$, die mechanische Vergleichs- bzw. Dehnungsamplitude $\epsilon_{V_A}^{GEH}$ und der Elastizitätsmodul E ein. Der Mittelspannungseinfluss wird durch die maximale Spannung wiedergegeben, da eine direkte Abhängigkeit besteht.

$$P_{SWT} = \sqrt{\sigma_{V_{max}}^{GEH} \, \epsilon_{V_A}^{GEH} \, E} \qquad (4.9)$$

Die Multiplikation von $\sigma_{V_{max}}^{GEH}$ und $\epsilon_{V_A}^{GEH}$ kann als Energiedichte für den Zugbereich der Hysterese interpretiert werden. Demzufolge wird in dem Modell die Schädigung auf die Zugbeanspruchungen zurückgeführt. Für die Lebensdauerkorrelation von LCF- und TMF-Daten wurde der Schädigungsparameter P_{SWT} nach Smith, Watson, Topper beispielsweise in Arbeiten von Roth und Biermann [194, 299, 300] an Titanaluminiden erfolgreich angewendet.

Ein weiteres Lebensdauermodell geht auf Ostergren [301] zurück und wurde speziell für die Hochtemperaturermüdung, d.h. für die isotherme als auch anisotherme Temperaturführung, entwickelt. Grundsätzlich wird nach Ostergren die Schädigung durch die plastische Energiedichte des Zugbereiches der Hysterese verursacht. Demzufolge ergibt sich die plastische Energiedichte nach Ostergren $W_{pl_{Ost}}$, siehe Gleichung 4.10, aus dem Produkt von maximaler Spannung bzw. Vergleichsspannung $\sigma_{V_{max}}^{GEH}$ und plastischer Vergleichsdehnungsschwingbreite $\Delta\epsilon_{V_{pl}}^{GEH}$ [287, 301].

$$W_{pl_{Ost}} = \sigma_{V_{max}}^{GEH} \, \Delta\epsilon_{V_{pl}}^{GEH} \qquad (4.10)$$

Eine Erweiterung des Modells für dehnungsgeregelte Haltezeiten sowie für Dehnraten- bzw. Frequenzeinflüsse gab Ostergren ebenso an [301]. Eine erfolgreiche Lebensdauerkorrelation auf Basis der plastischen Energiedichte nach Ostergren wurde für die Nickelbasis-Superlegierungen IN738, René 80 [301, 302], C-1023 [303–305] und K417 [306] ebenfalls vorgestellt. Bei anderen Nickelbasis-Superlegierungen, wie CM247LC DS [307] und M963 [287], ist das Modell nach Ostergren ungeeignet.

Zamrik und Renauld [308] gehen in ihrem Lebensdauermodell ebenfalls von einem energiebasierten Ansatz aus. Die Schädigung wird durch die Multiplikation der maximalen Spannung bzw. Vergleichsspannung $\sigma_{V_{max}}^{GEH}$ mit der mechanischen Vergleichsbzw. Dehnungsamplitude $\epsilon_{V_{Zug}}^{GEH}$ im Zugbereich beschrieben. Diese Formulierung der Energiedichte im Zugbereich wird auf das Produkt der Zugfestigkeit R_m und der Bruchdehnung A_{Br} normiert. Somit ergibt sich der Schädigungsparameter nach

Zamrik und Renauld ΔW_{Zam} zu:

$$\Delta W_{Zam} = \frac{\sigma_{V_{max}}^{GEH} \epsilon_{V_{Zug}}^{GEH}}{R_m\, A_{Br}} \qquad (4.11)$$

Die Zugfestigkeit sowie die Bruchdehnung sind bezüglich Prüftemperatur und Dehnrate entsprechend den LCF-Versuchen zu wählen. Der Quotient in Gleichung 4.11 aus $\sigma_{V_{max}}^{GEH}$; $\epsilon_{V_{Zug}}^{GEH}$ und R_m; A_{Br} besitzt keine Einheit, wodurch der Schädigungsparameter ΔW_{Zam} nach Zamrik und Renauld keine Energiedichte, sondern vielmehr ein Schädigungsfaktor ist. Zamrik und Renauld erweiterten das Modell um einen Faktor für den Haltezeiteinfluss sowie um die Arrhenius-Gleichung für eine temperaturabhängige Schädigung. Die Hypothese nach Zamrik und Renauld konnte bereits für einige Nickelbasis-Superlegierungen, wie IN738LC [308], GTD-111 [309] und C-1023 [303–305], erfolgreich für die Lebensdauerkorrelation angewendet werden.

Das im Rahmen dieser Arbeit erstellte Lebensdauermodell geht auf die Hypothese von Zamrik und Renauld [308] zurück und basiert somit auf dem Spannungs- und Dehnungs-Ansatz zur Lebensdauerkorrelation. In diesem Modell wird neben dem Schädigungsparameter ΔW_{Zam} und der Idee der Integration einer Arrhenius-Funktion, siehe Zamrik und Renauld [308], die plastische Energiedichte der gesamten Hysterese verwendet. Die plastische Energiedichte errechnet sich aus dem Produkt der Vergleichs- bzw. Spannungsschwingbreite $\Delta\sigma_V^{GEH}$ und der plastischen Vergleichs- bzw. Dehnungsschwingbreite $\Delta\epsilon_{V_{pl}}^{GEH}$. Der Arrhenius-Term innerhalb des Lebensdauermodells hat die Aufgabe, temperaturabhängige Versagensmechanismenwechsel zu integrieren. Der Schädigungsparameter berechnet sich somit nach folgender Gleichung.

$$
\begin{aligned}
W_{Diss} &= \Delta\sigma_V^{GEH}\, \Delta\epsilon_{V_{pl}}^{GEH}\, \Delta W_{Zam}\, e^{\frac{-Q}{R\,T}} = \\
&= \Delta\sigma_V^{GEH}\, \Delta\epsilon_{V_{pl}}^{GEH}\, \frac{\sigma_{V_{max}}^{GEH} \epsilon_{V_{Zug}}^{GEH}}{R_m\, A_{Br}}\, e^{\frac{-Q}{R\,T}}
\end{aligned}
\qquad (4.12)
$$

In der Arrhenius-Gleichung sind sowohl die Konstanten, Aktivierungsenergie für den Versagensmechanismenwechsel Q sowie die universelle Gaskonstante R (8,314 JK^{-1}mol^{-1}) als auch die maximale Prüftemperatur einzusetzen. Die Zugfestigkeit und Bruchdehnung ergibt sich, wie bei Zamrik und Renauld, nach der Prüftemperatur sowie der Dehnrate. Hinsichtlich der TMF-Versuche richtet sich die Prüftemperatur nach der maximalen (Zug)-Spannung und die Dehnrate wird von den LCF-Versuchen angenommen.

Grundsätzlich werden in den Lebensdauermodellen die Daten bei halber Lebensdauer eingesetzt. Da die Gestaltänderungsenergiehypothese nach von Mises in der Dehnungswöhlerlinie als geeignet nachgewiesen wurde, wird die GEH zur Überführung der mehrachsigen Spannungs- und Dehnungszustände in fiktive einachsige verwendet. Einzig der äquibiaxiale ($\Phi = 1$) In-Phase TMF-Versuch von Waspaloy^{TM} kann aufgrund der fehlenden Spannungswerte nicht in den Lebensdauerkorrelationen berücksichtigt werden. Die Gegenüberstellung der Lebensdauermodelle erfolgt in der Darstellung von Lebensdauervorhersagen ($N_{f_{Vorhersage}}$) über die experimentell bestimmten Lebensdauerwerte ($N_{f_{Real}}$). Der funktionale Zusammenhang der Schädigungsparameter zur Lebensdauer ist nach

$$N_{f_{Vorhersage}} = A \left(P_{SWT} \lor W_{pl_{Ost}} \lor \Delta W_{Zam} \lor W_{Diss} \right)^B \qquad (4.13)$$

für alle gleich. Die Materialkonstanten A und B in Gleichung 4.13 werden anhand einer linearen Regression auf Basis der Methode der kleinsten Fehlerquadrate in der doppeltlogarithmischen Darstellung von Schädigungsparameter über Lebensdauer bestimmt. Die Grundlage für die Regression stellen alle Ermüdungsdaten eines Werkstoffes dar. Abbildung 4.54 zeigt für Waspaloy^{TM}den Schädigungsparameter über der Lebensdauer in einer doppeltlogarithmischen Auftragung.

4.4.1 Lebensdauerkorrelation von Waspaloy^{TM}

Die Zugfestigkeit und Bruchdehnung sind aus den Warmzugdaten von Waspaloy^{TM}, siehe Tabelle 4.1, für die Dehnrate von 10^{-3} s^{-1} und der entsprechenden Prüftemperatur zu entnehmen. Weiterhin wird für die Lebensdauerkorrelation von Waspaloy^{TM} nach Gleichung 4.12 der Arrhenius-Term $e^{\frac{-Q}{RT}}$ genutzt. Entsprechend der metallografischen Untersuchung der ermüdeten Proben, siehe Abbildungen 4.24 und 4.49, konnte ein Versagensmechanismenwechsel von 400 °C mit hauptsächlich transgranularem Risswachstum zu 650 °C mit vorzugsweise interkristallinem Rissvorschritt festgestellt werden. Die Aktivierungsenergie Q für den Wechsel des Risswachstums wird von Lerch [260] mit 7,8 Kcal/mol (32660 J/mol) angegeben. Die Ergebnisse der vier Lebensdauermodelle sind in Abbildung 4.55 mit Lebensdauervorhersage $N_{f_{Vorhersage}}$ über der realen Lebensdauer $N_{f_{Real}}$ dargestellt.

Das Lebensdauermodell nach Smith, Watson und Topper in Abbildung 4.55a ist für eine Lebensdauerkorrelation im Streuband von 3 ungeeignet. Ebenso liegen einige Lebensdauerwerte auf der nicht konservativen Seite, so dass eine konstruktive Auslegung auf Basis des Schädigungsparameters P_{SWT} inakzeptabel ist. Eine deutliche Verbesserung stellt das Lebensdauermodell von Ostergren (Abbildung 4.55b) dar. Die Lebensdauerwerte liegen, bis auf einen Versuch, innerhalb des Streubandes von 3. Einzig der Ermüdungsversuch mit der höchsten Lebensdauer bei 400 °C liegt im

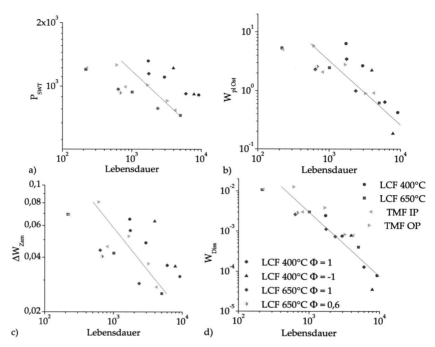

Abb. 4.54: Darstellung der Schädigungsparameter nach a) Smith, Watson und Topper P_{SWT}, b) Ostergren $W_{pl_{Ost}}$, c) Zamrik und Renauld ΔW_{Zam} sowie d) der Dissertation W_{Diss} über der Lebensdauer von Waspaloy™.

konservativen Bereich, wodurch die Auslegung mit der plastischen Energiedichte des Zugbereiches $W_{pl_{Ost}}$ möglich ist.

Zu einem ähnlichen Ergebnis führt die Lebensdauerhypothese nach Zamrik und Renauld (Abbildung 4.55c), welche ebenso die Lebensdauerdaten im Streuband von 3 beschreibt. Ein Lebensdauerwert unter Scherung befindet sich außerhalb des Streubandes von 3 und liegt somit im konservativen Bereich. Demzufolge ist der Schädigungsfaktor von Zamrik und Renauld ΔW_{Zam} geeignet, um einen Festigkeitsnachweis durchzuführen. Abbildung 4.55d zeigt die Lebensdauerkorrelation für das Modell, welches im Rahmen dieser Arbeit erstellt wurde. Jede Lebensdauer für sämtliche Beanspruchungen fällt in ein Streuband von 2, wodurch die Hypothese für Waspaloy™ zur besten Lebensdauervorhersage führt. Hinsichtlich der konstruktiven Auslegung sowohl von isothermen Ermüdungsversuchen unter einachsiger und zweiachsiger Beanspruchung als auch thermo-mechanischer Ermüdung ist das Lebensdauermodell nach Gleichung 4.12, welches im Rahmen der Arbeit erstellt wurde, zu bevorzugen.

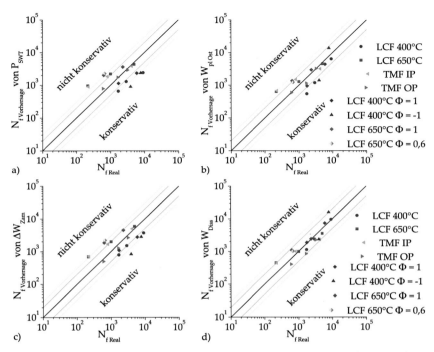

Abb. 4.55: Darstellung der Lebensdauervorhersage $N_{f_{Vorhersage}}$ über die reale Lebensdauer $N_{f_{Real}}$ von Waspaloy ^{TM} für die Lebensdauermodell nach a) Smith, Watson und Topper P_{SWT}, b) Ostergren $W_{pl_{Ost}}$, c) Zamrik und Renauld ΔW_{Zam} sowie d) der Dissertation W_{Diss}.

4.4.2 Lebensdauerkorrelation von IN738LC

Da im Rahmen dieser Arbeit an der Legierung IN738LC keine Warmzugversuche mit einer Dehnrate von 10^{-3} s^{-1} durchgeführt wurden, wird auf Ergebnisse von Bettge [202] zurückgegriffen. Die Übereinstimmung von Bettge mit den im Rahmen dieser Arbeit durchgeführten Warmzugversuchen wurde im Abschnitt 4.1.2 sowie anhand der zyklischen Spannungs-Dehnungs-Kurve, siehe Abbildung 4.29, nachgewiesen. Die verwendeten Werte für Zugfestigkeit und Bruchdehnung von Bettge [202] sind in Tabelle 4.9 zusammengestellt. Ein weiterer Grund für die Nutzung der Warmzugdaten von Bettge ist, dass die eigenen Daten sehr stark streuen und somit zu Ungenauigkeiten führen könnten. Im Fall der Dehnrate von 10^{-5} s^{-1} wird die Bruchdehnung von Bettge und die Zugfestigkeit aus den eigenen Versuchen angenommen. Der Arrhenius-Term in Gleichung 4.12 wird nicht verwendet, da sich der Versagensmechanismus von IN738LC zwischen 750 °C und 950 °C, siehe Abbildung

Tab. 4.9: Kennwerte des Warmzugversuches der Nickelbasis-Superlegierung IN738LC von Bettge [202].

Temperatur T [°C]	Dehnrate $\dot{\varepsilon}$ [s⁻¹]	Zugfestigkeit R_m [MPa]	Bruchdehnung A_{Br} [%]
750	10^{-3}	1075	7,8
950	10^{-3}	500	5,5
750	10^{-5}	812	9,8
950	10^{-5}	327	6,7

4.53 und 4.37, nicht unterscheidet. Eine Gegenüberstellung der Lebensdauermodelle für IN738LC ist in Abbildung 4.56 dargestellt.

Die Lebensdauerkorrelation auf Basis des Schädigungsparameters von Smith, Watson, Topper P_{SWT} (Abbildung 4.56a) versagt für IN738LC, da die berechneten Lebensdauerwerte keine signifikante Abhängigkeit vom Schädigungsparameter aufweisen. Die Hypothese kann somit nicht für eine konstruktive Auslegung verwendet werden. Eine erheblich bessere Lebensdauerkorrelation stellt das Lebensdauermodell nach Ostergren mit $W_{pl_{Ost}}$ (Abbildung 4.56b) dar. Der Großteil der Lebensdauerwerte liegt im Streuband von 3, nur ein Out-of-Phase TMF-Versuch und der isotherme Scherversuch bei 750 °C ($\Phi = -1$) befinden sich im konservativen Bereich der Lebensdauervorhersage. Allerdings ist die Lebensdauervorhersage des Scherversuches ($\Phi = -1$) kaum möglich, da bereits die GEH nach von Mises bei IN738LC, siehe Abbildung 4.48, versagt. Die Hypothese nach Ostergren ist zur Auslegung von Konstruktionen geeignet. Das Lebensdauermodell nach Zamrik und Renauld ΔW_{Zam} entsprechend Abbildung 4.56c bewirkt keine Verbesserung der Lebensdauervorhersage. Ebenfalls liegt wie bei Ostergren der Großteil der Lebensdauerwerte im Streuband von 3, wobei ein einachsiger LCF-Versuch bei 750 °C, ein Out-of-Phase TMF-Versuch und der bereits benannte Scherversuch ($\Phi = -1$) das Streuband verlassen. Da der Out-of-Phase TMF-Versuch relativ weit im nicht konservativen Bereich liegt, sollte die Lebensdauervorhersage nach Zamrik und Reanuld nicht für die Auslegung verwendet werden.

Das in dieser Arbeit vorgestellte Lebensdauermodell mit W_{Diss} nach Gleichung 4.12 ist in Abbildung 4.56d dargestellt und zeigt meistens eine gute Korrelation im Streuband von 2. Allerdings liegen der Scherversuch ($\Phi = -1$) als auch ein Out-of-Phase TMF-Versuch außerhalb des Streubandes von 3. Der TMF OP-Versuch ist marginal außerhalb des Streubandes von 3 auf der nicht konservativen Seite, dennoch ist die Lebensdauerhypothese für die konstruktive Auslegung anwendbar. Insbesondere gelingt, wenn in der Regression der Scherversuch ($\Phi = -1$) nicht einbezogen wird, die Lebensdauerbeschreibung aller Messdaten im Streuband von 3. Demzufolge ist das Lebensdauermodell, welches im Rahmen der Arbeit vorgestellt wurde,

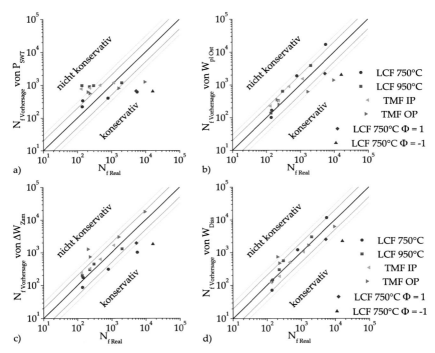

Abb. 4.56: Darstellung der Lebensdauervorhersage $N_{f_{Vorhersage}}$ über die reale Lebensdauer $N_{f_{Real}}$ von IN738LC für die Lebensdauermodell nach a) Smith, Watson und Topper P_{SWT}, b) Ostergren $W_{pl_{Ost}}$, c) Zamrik und Renauld ΔW_{Zam} sowie d) der Dissertation W_{Diss}.

gegenüber dem Modell nach Ostergren zu bevorzugen und für die Auslegung von IN738LC zu verwenden.

Die Verifizierung des im Rahmen dieser Arbeit erstellten Lebensdauermodells nach Gleichung 4.12 wird mit Literaturdaten von Yandt durchgeführt [281]. Yandt [281] untersuchte, wie bereits beschrieben, denselben Temperaturbereich von 750 °C und 950 °C an IN738LC. Allerdings wurden die LCF-Versuche mit einer Dehnrate von 10^{-5} s^{-1} und die TMF-Versuche mit einer Frequenz von 0,001 Hz ($\dot{T} = 1$ K/s) durchgeführt. Die verwendeten Warmzugdaten sind in Tabelle 4.9 angegeben. Die Lebensdauervorhersage nach der plastischen Energiedichte W_{Diss} entsprechend Gleichung 4.12 wird in Abbildung 4.57 dargestellt. Abbildung 4.57 zeigt, dass sämtliche Lebensdauerdaten (eigene Messdaten und Literaturdaten von Yandt) bis auf den Scherversuch innerhalb des Streubandes von 3 liegen. Innerhalb des Streubandes von 2 befinden sich etwa 85 % der Messwerte. Demzufolge ist das Lebensdauermo-

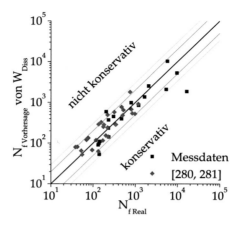

Abb. 4.57: Darstellung der Lebensdauervorhersage $N_{f_{Vorhersage}}$ über die reale Lebensdauer $N_{f_{Real}}$ von IN738LC für das Lebensdauermodell der Dissertation mit eigenen Messdaten und Literaturdaten von Yandt [281, 282].

dell in der Lage, langsamere Dehnraten in isothermen und niedrigere Aufheiz- und Abkühlraten $\dot{T}$ in thermo-mechanischen Ermüdungsversuchen zu beschreiben.

4.4.3 Zusammenfassung der Lebensdauerbeschreibung

Die im Rahmen der Arbeit vorgestellte plastische Energiedichte W_{Diss} ist gegenüber dem Schädigungsparameter P_{SWT} von Smith, Watson und Topper, der plastischen Energiedichte $W_{pl_{Ost}}$ von Ostergren und dem Schädigungsfaktor ΔW_{Zam} von Zamrik und Renauld für die beiden Nickelbasis-Superlegierungen Waspaloy™ und IN738LC zu bevorzugen. Weiterhin wurde die Eignung der plastischen Energiedichte W_{Diss} hinsichtlich der Lebensdauerkorrelation anhand von Literaturdaten von Yandt [281] erfolgreich verifiziert. Der Spannungs-Dehnungs-Ansatz nach Gleichung 4.12 enthält den plastischen Dehnungsanteil der Hysterese, wodurch die Hypothese im HCF-Bereich ungeeignet sein kann. Allerdings treten in der Realität nur selten TMF-Beanspruchungen auf, welche nach Zyklenzahlen im HCF-Bereich zum Versagen führen.

5 Zusammenfassung und Ausblick

5.1 Biaxial-planare Hochtemperaturermüdungsprüfung

Im Heißgaspfad von Gasturbinen sind die Bauteile, wie Turbinenschaufeln und -scheiben, hohen Temperaturen und mehrachsigen Spannungszuständen ausgesetzt. Die Beanspruchungsanalyse beider Komponenten zeigt, dass die isotherme und thermo-mechanische mehrachsige Ermüdung versagensrelevant sind. Zumeist erfolgt die Auslegung derartiger Komponenten auf Basis einachsiger Kennwerte, wodurch die Lebensdauerbeschreibung für einige Belastungsfälle unzureichend ist. Infolge dieser Auslegung werden aufgrund der mehrachsigen Belastungsfälle zum Teil sowohl die Sicherheitsreserven überstiegen als auch das Werkstoffpotential nicht vollständig ausgenutzt. Die Diskrepanz zwischen realer Beanspruchung und einachsigen Kennwerten kann durch die biaxial-planare Prüfung reduziert werden. Mit genauerer Kenntnis des Werkstoffverhaltens durch die biaxial-planare Prüfung kann die Materialausnutzung verbessert werden und somit zur ressourcenschonenden Nutzung von Treibstoff sowie Werkstoffen beitragen.

Mit der biaxial-planaren Prüfung kann jeder beliebige ebene Spannungszustand eingestellt werden, ohne dass das Hauptachsensystem dreht. Die ebenen Spannungszustände unterscheiden sich im hydrostatischen Anteil, welcher die Rissinitiierung und das Mikrorisswachstum beeinflussen kann. Besonders unter Scherbelastung, die keine hydrostatischen Spannungskomponenten enthält, wird häufig eine höhere Lebensdauer als unter einachsiger Beanspruchung festgestellt.

In der biaxial-planaren niederzyklischen Ermüdungsprüfung wird eine kreuzförmige Probengeometrie verwendet, die im Messbereich einen homogenen und maximalen Spannungs- und Dehnungszustand aufweist. Bei induktiver Probenerwärmung werden durch den Induktor eine homogene Temperaturverteilung sowie die höchsten Temperaturen im Messbereich sichergestellt. An der Probenoberfläche des Messbereiches sind die Anrissbildung und das Risswachstum in Abhängigkeit vom Spannungszustand, der die Lage der maximalen Schubspannungsebene beeinflusst, nachvollziehbar.

5.2 Zusammenfassende Beurteilung der Ergebnisse

In der vorliegenden Arbeit wird ein geeigneter biaxial-planarer Prüfstand für die niederzyklische Hochtemperaturermüdungsprüfung vorgestellt, an welchem sowohl isotherme als auch thermo-zyklische Versuche durchgeführt werden können.

Die untersuchten Werkstoffe sind zwei polykristalline Nickelbasis-Superlegierung-en (Waspaloy^{TM} und IN738LC), die im Turbinenbereich von Gasturbinen einge-setzt werden. Waspaloy^{TM} ist eine geschmiedete Nickelbasis-Superlegierung, die typischerweise als Turbinenscheibenwerkstoff eingesetzt wird. Als zweite Nickel-basis-Superlegierung wurde IN738LC untersucht, die im Feingussverfahren abge-gossen wird und hauptsächlich als Turbinenschaufelwerkstoff Verwendung findet.

Beide Nickelbasis-Superlegierungen wurden in einachsigen statischen, quasista-tischen und zyklischen Hochtemperaturversuchen unter isothermer und ther-mo-mechanischer Beanspruchung charakterisiert. Das Werkstoffverhalten von Wasp-aloy^{TM} und IN738LC wird für den Warmzugversuch anhand der Fließkurven und der Werkstoffkennwerte beschrieben. Die Charakterisierung des Kriechverhal-tens erfolgt mit dem Norton'schen Kriechgesetz durch den Norton-Exponenten sowie mit der Lebensdauerbeschreibung mit Hilfe des Larson-Miller-Parameters. Das isotherme und thermo-mechanische Ermüdungsverhalten wird anhand der Spannungs-Dehnungs-Hysteresen sowie dem Wechselverformungsverhalten darge-stellt und eine Beschreibung wird für die zyklische Spannungs-Dehnungs-Kurven nach Ramberg und Osgood sowie den Dehnungswöhlerlinien gegeben. Zusätzlich zum Werkstoffverhalten wird für alle Beanspruchungen das Versagensverhalten mit Anrissbildung und Risswachstum untersucht. Darüber hinaus wird eine Einordnung und ein Vergleich zu Daten aus der Literatur gegeben.

Die Unzugänglichkeit des Spannungszustandes bei der biaxial-planaren Werkstoff-prüfung wird in der vorliegenden Arbeit mit dem sogenannten „Teilentlastungsver-fahren" gelöst. Das Verfahren nutzt die elastische Entlastung nach der Lastumkehr, um den elastischen Dehnungsanteil zu bestimmen, welcher über das Hookesche Ge-setz mit dem Spannungszustand verknüpft ist.

Die Erwärmung der kreuzförmigen Probe gelingt mit einem zylindrischen Induk-tor, welcher gegenüber dem in der Literatur vorgeschlagenen Flächeninduktor ein besseres Regelverhalten und eine höhere Temperaturgenauigkeit aufweist. Weiter-hin stellt der zylindrische Induktor die höchsten Temperaturen und eine homogene Temperaturverteilung im Messbereich sicher, wodurch ein Versagen im Messbereich gewährleistet wurde.

In proportionalen biaxial-planaren Versuchen mit Vergleichsdehnungsamplituden, ähnlich den einachsigen Ermüdungsversuchen, kommen die Vergleichsspannungs-amplituden entsprechend der Gestaltänderungsenergiehypothese nach von Mises zur Deckung. Einzig die Scherversuche mit einer hohen Vergleichsdehnungsamplitude können aufgrund der makroskopischen plastischen Deformation der Proben sowie den daraus resultierenden Eigenspannungen im Messbereich nicht mit der GEH nach von Mises beschrieben werden, so dass das Teilentlastungsverfahren ungeeignet ist. Die Gültigkeit der Gestaltänderungsenergiehypothese in den Wechselverformungskurven zeigt, dass die deviatorischen Spannungsanteile zwischen einachsigen und zweiachsigen Versuchen gleich sind und die unterschiedlichen hydrostatischen Spannungskomponenten keinen Einfluss haben.

Die Werte für die Lebensdauer aus den biaxial-planaren Versuchen fallen in der Gesamtdehnungswöhlerlinien-Darstellung zu den einachsigen Daten in das Streuband von zwei. Demzufolge ist die Gestaltänderungsenergiehypothese nach von Mises in der Lage, eine Vergleichbarkeit von zweiachsigen und einachsigen Spannungszuständen sicherzustellen, um eine Lebensdauerbeschreibung auf Basis der einachsigen Daten und dem Basquin- und Mason-Coffin-Ansatz zu ermöglichen. Lediglich der Scherversuch von IN738LC befindet sich außerhalb des Streubandes und führt zu einer Lebensdauerunterschätzung, da der nicht vorhandene hydrostatische Spannungsanteil im Scherversuch eine Verzögerung der Anrissbildung und des Mikrorisswachstums bewirkt. Demzufolge ist für IN738LC nicht ausschließlich der deviatorische Spannungsanteil schädigungs- und versagensrelevant.

Der Versagensmechanismus mit Anrissbildung und Risswachstum ist für gleiche Prüftemperaturen von einachsiger und biaxial-planarer Beanspruchung identisch. Die Anrissbildung bei Waspaloy^{TM} findet grundsätzlich an der Oberfläche statt und dort im Wesentlichen an Gleitspuren. Hinsichtlich des Risswachstums tritt ein Bruchmechanismenwechsel von hauptsächlich transkristallinem Risswachstum bei 400 °C zu einem bevorzugt interkristallinen Rissfortschritt bei 650 °C auf. Für IN738LC stellen die interdendritischen Bereiche den geschwächten Materialbereich dar, so dass sowohl die Anrissbildung als auch das Risswachstum vorwiegend entlang dieser Bereiche auftritt. Die Korngrenzen sind nur bei einer Orientierung senkrecht zur Belastungsachse relevant für den Rissfortschritt.

Nach Kenntnisstand des Autors stellen die vorgestellten Ergebnisse den ersten biaxial-planaren thermo-mechanischen Ermüdungsversuch dar. Der biaxial-planare thermo-mechanische Ermüdungsversuch an Waspaloy^{TM} kann nicht nach dem Teilentlastungsverfahren ausgewertet werden, da die elastischen Konstanten von der Temperatur abhängen. Daher beschränkt sich der Vergleich auf die jeweilige Lebensdauer, welche für den zweiachsigen Spannungszustand im Streuband der einachsigen TMF-Versuche liegt.

Da sowohl die isothermen als auch die thermo-mechanischen biaxial-planaren Ermüdungsversuche für die proportionalen Dehnungsverhältnisse mit den einachsigen Ergebnissen übereinstimmen, kann der Versuchsstand als verifiziert betrachtet werden.

Die Lebensdauerkorrelation der einachsigen isothermen und thermo-mechanischen sowie der biaxial-planaren isothermen Ermüdungsversuche gelingt mit Hilfe eines im Rahmen der Arbeit erstellten Lebensdauermodells nach dem Spannungs-Dehnungs-Ansatz. Das Lebensdauermodell berücksichtigt die plastische Energiedichte der Hysterese, den Mittelspannungseinfluss und den Rissmechanismus nach der Arrhenius-Funktion. Mit dem vorgeschlagenen Lebensdauermodell gelingt eine Lebensdauerbeschreibung im Streuband von zwei für Waspaloy^{TM} und für 90 % der Lebensdauerdaten von IN738LC. Darüber hinaus konnte das Lebensdauermodell anhand von Literaturdaten verifiziert werden. Die Lebensdauerkorrelation nach dem vorgeschlagene Lebensdauermodell ist deutlich besser als die Modelle nach Smith, Watson und Topper, Ostergren sowie Zamrik und Renauld.

5.3 Ausblick

5.3.1 Isotherme biaxial-planare Ermüdung

Die Untersuchungen in der vorliegenden Arbeit beschränkten sich auf proportionale biaxial-planare Lastfälle mit konstanter Dehnrate ohne Mitteldehnung.

Eine sinnvolle Erweiterung der bereits vorhandenen Datenbasis können sowohl weitere Dehnungsamplituden als auch andere proportionale Lastfälle darstellen. Mit weiteren Dehnungsverhältnissen können die realen Beanspruchungen einer Turbinenscheibe sowie einer Turbinenschaufel nachgestellt und die Gültigkeit der Gestaltänderungsenergiehypothese nach von Mises für diese Belastungsfälle erweitert werden.

Ergänzend zu den proportionalen Lastfällen sind die besonders kritischen, nicht-proportionalen Lastfälle zu untersuchen, in welchen die Belastungsachsen einen Phasenversatz ϕ_ϵ zueinander besitzen. Die phasenverschobene Belastung bewirkt einen Dehnungspfad in der Hauptdehnungsebene ϵ_1–ϵ_2, bei dem die Belastung und die Entlastung nicht den gleichen Pfad nehmen und somit unterschiedliche Spannungszustände während eines Zyklus vorliegen. Dadurch werden innerhalb eines Zyklus mehrere Gleitsysteme aktiviert, die im Folgenden miteinander wechselwirken, sowie aufgrund der Interaktion von Versetzungen zu einer sehr starken Verfestigung und Lebensdauerverkürzung führen. Da bei erhöhten Temperaturen Diffusionsvorgänge und somit nicht konservative Bewegungsmechanismen der Versetzungen stattfinden können, ist das Hochtemperaturermüdungsverhalten unter nicht-proportionaler Last zu untersuchen.

Die Überlagerung von Kriechen und Ermüdung, die sogenannte Kriechermüdung, unter biaxial-planarer Beanspruchung ist ein weiteres Feld, welches in Zukunft untersucht werden sollte. Dafür sind Haltezeiten in den Dehnungsverlauf sowie Mitteldehnungen $R_\epsilon \neq 1$ einzubringen. Die Haltezeiten bei hohen Temperaturen führen zu einer Spannungsrelaxation in der Hysterese, und die Versuche mit Mitteldehnungen bewirken ein zyklisches Kriechen bzw. eine zyklische Mittelspannungsrelaxation, welche in der Literatur als Ratcheting bezeichnet wird. Aus den Versuchen kann der jeweilige Anteil für Kriechen und Ermüdung am Versagen charakterisiert und ein Lebensdauermodell erstellt werden, welches beide schädigenden Beanspruchungen berücksichtigt.

Die Daten des biaxial-planaren Ermüdungs- und Werkstoffverhaltens können bei der Erstellung eines Werkstoffmodells, z.B. nach Chaboche, genutzt werden, um den mehrachsigen Spannungszustand zu integrieren. Mit Hilfe des viskoplastischen Materialmodells und dessen Implementierung in eine FEM-Simulation ist eine rechnerische Simulation des Materialverhaltens und der Schädigung in komplexen Bauteilen möglich. Auf Basis des Materialmodells werden eventuelle Unsicherheiten in einer FEM-basierten Auslegung von Komponenten reduziert.

5.3.2 Thermo-mechanische biaxial-planare Ermüdung

Mit dem vorgestellten Versuchsstand ergeben sich alle Möglichkeiten der Versuchsführung aus den TMF-Versuchen sowie der biaxial-planaren Prüfung. Demzufolge kann sowohl ein Phasenversatz ϕ_T zwischen thermischem Zyklus und der Führungsachse 1 als auch ein Phasenversatz ϕ_ϵ zwischen den beiden Achsen eingestellt werden. Besonders interessant ist die thermo-mechanische Out-of-Phase ($\phi_T = 180°$) Belastung mit nicht-proportionalen mechanischen Beanspruchungen ($\phi_\epsilon \neq 0°$ und $180°$), da bereits Untersuchungen nach Brookes et al. [99] eine extreme Lebensdauerverkürzung zeigten Weiterhin sind Clockwise-Diamond und Counter-Clockwise-Diamond TMF-Belastungen mit proportionalen Lasten denkbar. Die Möglichkeiten der Versuchsführungen sind vielfältig und sollen hier deshalb nicht weiter spezifiziert werden. Grundsätzlich dienen die biaxial-planaren thermo-mechanischen Ermüdungsversuche der Abbildung von realitätsnahen Bedingungen, um eine genauere und sichere Lebensdauervorhersagen zu treffen.

Eigene Veröffentlichungen

- D. Kulawinski, K. Nagel, S. Henkel, P. Hübner, H. Fischer, M. Kuna, H. Biermann. „Characterization of stress-strain behavior of a cast TRIP steel under different biaxial planar load ratios", In: *Engineering Fracture Mechanics*, Vol. 78, 2011, Seiten 1684-1695
- D. Kulawinski, S. Ackermann, A. Glage, S. Henkel, H. Biermann. „Biaxial Low Cycle Fatigue Behavior and Martensite Formation of a Metastable Austenitic Cast TRIP Steel Under Proportional Loading", In: *Steel Research International*,Vol. 82, 2011, Seite 1141-1148
- D. Kulawinski, S. Henkel, D. Holländer, M. Thiele, U. Gampe, H. Biermann. „Fatigue behavior of the nickel-base superalloy Waspaloy^{TM} under proportional biaxial-planar loading at high temperature", In: *International Journal of Fatigue*, Vol. 67, 2014, Seiten 212-219
- S. Ackermann, D. Kulawinski, S. Henkel, H. Biermann. „Biaxial in-phase and out-of-phase cyclic deformation and fatigue behavior of an austenitic TRIP steel", In: *International Journal of Fatigue*, Vol. 67, 2014, Seiten 123-133
- R. Schmidt, D. Pusch, M. Voigt, K. Vogeler, D. Kulawinski, H. Biermann, D. Holländer, U. Gampe, M. Tränkner, C. Leyens. „Numerical and Experimental Sensitivity Analysis for the Determination of Casting Parameter–Microstructure–Property Relations and Mechanical Properties of IN738LC in Investment Casting", In: *Advanced Engineering Materials*, Artikel im Druck
- D. Kulawinski, B. Keller, M. Brettschneider. „Homogen aromatisierte Kaffeebohne", Deutsche Patent und Markenamt, DE 102012 003 189 A1, 2012
- K. Nagel, D. Kulawinski, S. Henkel, H. Biermann, P. Hübner. „Experimental investigation of stress-strain curves in a cast TRIP steel under biaxial planar loading", In: *9th International Conference on Multiaxial Fatigue & Fracture*, 2010, Parma, Italy
- D. Kulawinski, K. Nagel, S. Henkel, H. Biermann, P. Hübner. „Charakterisierung des Fließverhaltens an einem TRIP-Stahlguss unter verschiedenen planar biaxialen Lastverhältnisse", In: *13. Werkstofftechnische Kolloquium*, 2010, Seiten 285-291, Chemnitz
- S. Ackermann, D. Kulawinski, S. Henkel, H. Biermann. „Low cycle fatigue behavior of a high alloyed TRIP steel under in-phase and out-of-phase biaxial-

planar loading", In: *XVI International Colloquium Mechanical Fatigue of Metals*, 2012, Brno, Tschechien

- D. Kulawinski, D. Holländer, M. Thiele, U. Gampe, H. Biermann. „Untersuchung des Hochtemperaturermüdungsverhaltens unter biaxial planarer Last", In: *Internationales Kolloquium des Spitzentechnologieclusters ECEMP*, 2012, Seiten 262-281, Dresden, Germany

- D. Kulawinski, D. Holländer, M. Thiele, U. Gampe, H. Biermann. „Aufbau eines biaxial-planaren Versuchsstandes für die Hochtemperaturermüdungsprüfung von Nickelbasis-Superlegierungen unter Verwendung der kreuzförmigen Probengeometrie", In: *30. Tagung Werkstoffprüfung–Fortschritte in der Werkstoffprüfung für Forschung und Praxis*, 2012, Seiten 231-236, Bad Neuenahr, Germany

- S. Ackermann, D. Kulawinski, S. Henkel, H. Biermann. „Charakterisierung eines austenitischen TRIP-Stahls unter biaxial-planarer LCF-Beanspruchung", In: *30. Tagung Werkstoffprüfung–Fortschritte in der Werkstoffprüfung für Forschung und Praxis*, 2012, Seiten 225-230, Bad Neuenahr, Germany

- D. Kulawinski, S. Henkel, H. Biermann, D. Holländer, M. Thiele, U. Gampe. „Investigation of the high temperature fatigue behavior of the nickel-base superalloy Waspaloy™ under biaxial-planar loading", In: *10th International Conference on Multiaxial Fatigue & Fracture*, 2013, Kyoto, Japan

- S. Ackermann, D. Kulawinski, S. Henkel, H. Biermann. „Low cycle fatigue of an austenitic TRIP steel under various biaxial-planar stress states", In: *10th International Conference on Multiaxial Fatigue & Fracture*, 2013, Kyoto, Japan

Literatur

[1] L. Issler, H. Rouß und P. Häfele. *Festigkeitslehre–Grundlagen*. Springer, 2006.

[2] R. Kienzler and R. Schröder. *Einführung in die Höhere Festigkeitslehre*. Springer, 2009.

[3] A. Nadai. *Theory of Flow and Fracture of Solids, Volume I*. Engineering societies monographs series. McGraw-Hill Book, 1950.

[4] A. Nadai. *Theory of Flow and Fracture of Solids, Volume II*. Engineering societies monographs Volume 2. McGraw-Hill, 1963.

[5] I. Szabó. *Höhere Technische Mechanik: Nach Vorlesungen*. Springer, 2001.

[6] D. Radaj und M. Vormwald. *Ermüdungsfestigkeit: Grundlagen für Ingenieure*. Springer, 2010.

[7] H. W. Reinhardt. *Ingenieurbaustoffe*. Wiley, 2010.

[8] L. Issler. *Festigkeitsverhalten metallischer Werkstoffe bei mehrachsiger phasenverschobener Schwingbeanspruchung*. Dissertation, Universität Stuttgart, 1973.

[9] A. Nadai. „Plastic behavior of metals in the strain-hardening range. Part I". In: *Journal of Applied Physics* 8 (1937), S. 205–213.

[10] H.-P. Lüpfert. „Schubspannungs-Interpretationen der Festigkeitshypothese von Huber / v. Mises / Hencky und ihr Zusammenhang". In: *Technische Mechanik* 12.4 (1991), S. 213–217.

[11] C. M. Sonsino und V. Grubisic. „Kurzzeitschwingfestigkeit von duktilen Stählen unter mehrachsiger Beanspruchung". In: *Materialwissenschaft und Werkstofftechnik* 15 (1984), S. 378–386.

[12] D. C. Gonyea. „Method for Low-Cycle Fatigue Design Including Biaxial Stress and Notch Effects". In: *STP520–Fatigue at Elevated Temperatures*. Hrsg. von A. E. Carden, A. J. McEvily und Wells C. H. 1973, S. 678–687.

[13] J. A. Bannantine, J. J. Comer und J. L. Handrock. *Fundamentals of metal fatigue analysis*. Prentice Hall, 1989.

[14] V. Doquet. „Crack initiation mechanisms in torsional fatigue". In: *Fatigue & Fracture of Engineering Materials & Structures* 20.2 (1997), S. 227–235.

[15] S. Ackermann, D. Kulawinski, S. Henkel und H. Biermann. „Biaxial in-phase and out-of-phase cyclic deformation and fatigue behavior of an austenitic TRIP steel". In: *International Journal of Fatigue* 0 (2014), S. 123–133.

[16] H. Yamanouchi und S. Yamamoto T. Yokobori. „Low cycle fatigue of thin-walled hollow cylindrical specimens of mild steel in uni-axial and torsional tests at constant strain amplitude". In: *International Journal of Fracture Mechanics* 1.1 (1965), S. 3–13.

[17] W. N. Findley. „A theory for the effect of mean stress of metals under combined torsion and axial load bending". In: *Journal of Engineering for Industry* (1959), S. 301–306.

[18] W. N. Findley, P. N. Mathur, E. Szczepanski und A. O. Temel. „Energy Versus Stress Theories for Combined Stress–A Fatigue Experiment Using a Rotating Disk". In: *Journal of Basic Engineering* 83.1 (1961), S. 10–14.

[19] Y. S. Garud. „Multiaxial Fatigue: A Survey of the State of the Art". In: *Journal of Testing and Evaluation* 9.3 (1981), S. 165–178.

[20] H. Zenner. „Multiaxial fatigue - methods, hypotheses and application an overview". In: *Proceedings of the seventh international conference on biaxial/multiaxial fatigue and fracture*. Hrsg. von C. M. Sonsino, H. Zenner und P. D. Portella. DVM. 2004, S. 3–16.

[21] M. W. Brown und K. J. Miller. „A theory for fatigue failure under multiaxial stress-strain conditions". In: *Proceedings of the Institution of Mechanical engineers* 187.1 (1973), S. 745–755.

[22] D. F. Socie und T. W. Shield. „Mean Stress Effects in Biaxial Fatigue of Inconel 718". In: *Journal of Engineering Materials and Technology* 106.3 (1984), S. 227–232.

[23] A. Fatemi und P. Kurath. „Multiaxial Fatigue Life Predictions Under the Influence of Mean-Stresses". In: *Journal of Engineering Materials and Technology* 110.4 (1988), S. 380–388.

[24] N. Shamsaei, A. Fatemi und D. F. Socie. „Multiaxial cyclic deformation and non-proportional hardening employing discriminating load paths". In: *International Journal of Plasticity* 26.12 (2010), S. 1680–1701.

[25] B.-R. You und S.-B. Lee. „A critical review on multiaxial fatigue assessments of metals". In: *International Journal of Fatigue* 18.4 (1996), S. 235–244.

[26] A. Karolczuk und E. Macha. „A Review of Critical Plane Orientations in Multiaxial Fatigue Failure Criteria of Metallic Materials". In: *International Journal of Fracture* 134.3-4 (2005), S. 267–304.

[27] H. Zenner, A. Simbürger und J. Liu. „On the fatigue limit of ductile metals under complex multiaxial loading". In: *International Journal of Fatigue* 22.2 (2000), S. 137 –145.

[28] V. Grubisic und C. M. Sonsino. *Rechenprogramme zur Ermittlung der Werkstoffanstrengung bei mehrachsiger Schwingbeanspruchung mit konstanten und veränderlichen Hauptspannungsrichtungen.* Technische Mitteilungen. Darmstadt, 1976.

[29] C. M. Sonsino, M. Kueppers, M. Eibl und G. Zhang. „Fatigue strength of laser beam welded thin steel structures under multiaxial loading". In: *International Journal of Fatigue* 28 (2006), S. 657–662.

[30] A. Troost, O. Akin und F. Klubberg. „Versuchs- und Rechendaten zur Dauerschwingfestigkeit von metallischen Werkstoffen unter mehrachsiger Beanspruchung". In: *Materialwissenschaft und Werkstofftechnik* 23.1 (1992), S. 1–12.

[31] H. Oettel und H. Schumann. *Metallografie: mit einer Einführung in die Keramografie.* Wiley-VCH-Verlag, 2005.

[32] G. Gottstein. *Physikalische Grundlagen der Materialkunde.* Springer, 2007.

[33] H. Worch. *Werkstoffwissenschaft.* 10. Wiley-VCH, 2011.

[34] J. Schijve. *Fatigue of Structures and Materials.* Hrsg. von J. Schijve. Springer, 2008.

[35] P. Neumann. „Coarse slip model of fatigue". In: *Acta Metallurgica* 17.9 (1969), S. 1219 –1225.

[36] T. Ericsson. „Review of Oxidation Effects on Cyclic Life at Elevated Temperature". In: *Canadian Metallurgical Quarterly* 18.2 (1979), S. 177–195.

[37] R. Bürgel, H. J. Maier und T. Niendorf. *Handbuch Hochtemperatur-Werkstofftechnik.* Vieweg+Teubner, 2011.

[38] R. P. Skelton. „The growth of grain boundary cavities during high temperature fatigue". In: *Philosophical Magazine* 14.129 (1966), S. 563–572.

[39] C. J. McMahon und L. F. Coffin. „Mechanisms of damage and fracture in high-temperature, low-cycle fatigue of a cast nickel-based superalloy". In: *Metallurgical Transactions* 1.12 (1970), S. 3443–3450.

[40] E. Andrieu, R. Molins, H. Ghonem und A. Pineau. „Intergranular crack tip oxidation mechanism in a nickel-based superalloy". In: *Materials Science and Engineering: A* 154.1 (1992), S. 21–28.

[41] D . A. Woodford. „Environmental damage of a cast nickel base superalloy". In: *Metallurgical Transactions A* 12.2 (1981), S. 299–308.

[42] R. Bürgel. *Handbuch Hochtemperatur-Werkstofftechnik: Grundlagen, Werkstoffbeanspruchungen, Hochtemperaturlegierungen und -beschichtungen.* Studium und Praxis. Vieweg & Sohn Verlag, 2006.

[43] K. Kanazawa, K. J. Miller und M. W. Brown. „Low-Cycle Fatigue Under Out-of-Phase Loading Conditions". In: *Journal of Engineering Materials and Technology* 99.3 (1977), S. 222–228.

[44] J. Jung. „A note on the influence of hydrostatic pressure on dislocations". In: *Philosophical Magazine A* 43.4 (1981), S. 1057–1061.

[45] M. W. Parsons und K. J. Pascoe. „Observations of surface deformation, crack initiation and crack growth in low-cycle fatigue under biaxial stress". In: *Materials Science and Engineering* 22.0 (1976), S. 31–50.

[46] K. Pascoe und J. Villiers. „Low cycle fatigue of steels under biaxial straining". In: *J. Strain. Anal. Eng.* 2.2 (1967), S. 117–126.

[47] M. W. Parsons und K. J. Pascoe. „Low-Cycle Fatigue under Biaxial Stress". In: *Proceedings of the Institution of Mechanical Engineers* 188.1 (1974), S. 657–671.

[48] T. Itoh, M. Sakane und M. Ohnami. „High temperature multiaxial low cycle fatigue of cruciform specimen". In: *Journal Name: Journal of Engineering Materials and Technology* 116 (1994), S. 90–98.

[49] M. W. Brown und K. J. Miller. „High temperature low cycle biaxial fatigue of two steels". In: *Fatigue & Fracture of Engineering Materials & Structures* 1.2 (1979), S. 217–229.

[50] W. Beitz, H. Dubbel und K. H. Grote. *Dubbel Taschenbuch für den Maschinenbau.* Bd. 19. Auflage. Springer-Verlag GmbH, 1997.

[51] Rolls-Royce. *The Jet Engine–5th Edition.* Techn. Ber. The Technical Publications Department Rolls-Royce, 1996.

[52] D. Gandy und J. Scheibel. *Life Management System for Advanced E Class Gas Turbines.* Techn. Ber. Electric power reasearch institute, 2005.

[53] T. J. Carter. „Common failures in gas turbine blades". In: *Engineering Failure Analysis* 12.2 (2005), S. 237–247.

[54] K. Schneider, G. Gnirß und W. Eartnagel. „Loading profiles for typical high temperature components". In: *High Temperature Alloys for Gas Turbines and Other Applications.* Hrsg. von W. Betz, D. Coutsouradis und R. Brunetaud (Eds.) 1986, S. 469–494.

[55] A. Kaufman und G. R. Halford. „Engine Cyclic Durability by Analysis and Testing". In: *AGARD Conference Proceedings No. 368–Engine Cyclic Durability by Analysis and Testing.* 1984, S. 12–1–12–12.

[56] R. C. Reed, T. Tao und N. Warnken. „Alloys-By-Design: Application to nickel-based single crystal superalloys". In: *Acta Materialia* 57.19 (2009), S. 5898 – 5913.

[57] B . A. Cowles. „High cycle fatigue in aircraft gas turbines–an industry perspective". In: *International Journal of Fracture* 80.2-3 (1989), S. 147–163.

[58] P. Senechal. „Fatigue and creep considerations in the design of turbine components". In: *High Temperature Alloys for Gas Turbines 1982*. Hrsg. von R. Brunetaud, D. Coutsouradis, T . B. Gibbons, Y. Lindblom, D . B. Meadowcroft und R. Stickler. 1982, S. 273–290.

[59] J. Meersmann, H. Frenz, J. Ziebs, H.-J. Kühn und S. Forest. „Thermo-mechanical behavior of IN738LC and SC 16". In: *Agard–Thermal Mechanical Fatigue of Aircraft Engine Materials*. 1996, S. 19–1–19–11.

[60] J. Ziebs, J. Meersmann, H.-J. Kühn und H. Klingelhöffer. „Multiaxial Thermomechanical Deformation Behavior of IN738LC and SC16". In: *Thermomechanical Fatigue Behavior of Materials: Third Volume, ASTM STP 1371*. Hrsg. von H. Schitoglu und H. J. Maier. 2000.

[61] A. G. Dodd. „Mechanical design of gas turbine blading in cast superalloys". In: *Materials Science and Technology* 2.5 (1986), S. 476–485.

[62] J. Hou, B. J. Wicks und R. A . Antoniou. „An investigation of fatigue failures of turbine blades in a gas turbine engine by mechanical analysis". In: *Engineering Failure Analysis* 9.2 (2002), S. 201–211.

[63] D. Locq und P. Caron. „On some advanced nickel-based superalloys for disk applications". In: *Journal Aerospace Lab* 3 (2011), S. 1–9.

[64] T. M. Edmunds und R. A. Lawrence. „Monitoring engine thermal stresses". In: *AGARD Conference Proceedings No. 368–Engine Cyclic Durability by Analysis and Testing*. 1984, S. 2–1–2–20.

[65] H. Fecht und D. Furrer. „Ni-based superalloys for turbine discs". In: *JOM* 51.1 (1999), S. 14–17.

[66] H. Fecht und D. Furrer. „Processing of Nickel-Base Superalloys for Turbine Engine Disc Applications". In: *Advanced Engineering Materials* 2.12 (2000), S. 777–787.

[67] G. E. Breitkopf und T. M. Speer. „In-flight evaluation of LCF life consumption of critical rotor components subjected to high transient thermal stress". In: *AGARD Conference Proceedings No. 368–Engine Cyclic Durability by Analysis and Testing*. 1984, S. 1–1–1–15.

[68]   L. Witek. „Failure analysis of turbine disc of an aero engine". In: *Engineering Failure Analysis* 13.1 (2006), S. 9 –17.

[69]   U. Hessler und B. Domes. „LCF-Failure Analysis of an Aero-Engine Turbine Wheel". In: *Low Cycle Fatigue and Elasto-Plastic Behaviour of Materials–3*. Hrsg. von K.-T. Rie, H. W. Grünling, G. König, P. Neumann, H. Nowack, K.-H. Schwalbe und T. Seeger. Springer, 1992, S. 664–670.

[70]   F. Ellyin und J. D. Wolodko. „Testing facilities for multiaxial loading of tubular specimens". In: *ASTM special technical publication* 1280 (1997), S. 7–24.

[71]   V. Bonnand, J. L. Chaboche, P. Gomez, P. Kanouté und D. Pacou. „Investigation of multiaxial fatigue in the context of turboengine disc applications". In: *International Journal of Fatigue* 33.8 (2011), S. 1006–1016.

[72]   T. Itoh und Z. Bao. „Low cycle fatigue lives under multiaxial non-proportional loading". In: *Seventh International Conference on Low Cycle fatigue*. Hrsg. von T. Beck und E. Charkaluk. 2013, S. 247–252.

[73]   D. Lefebvre, C. Chebl, L. Thibodeau und E. Khazzari. „A high-strain biaxial-testing rig for thin-walled tubes under axial load and pressure". In: *Experimental Mechanics* 23.4 (1983), S. 384–392.

[74]   J. M. H. Andrews und E. G. Ellison. „A testing rig for cycling at high biaxial strains". In: *The Journal of Strain Analysis for Engineering Design* 8.3 (1973), S. 168–175.

[75]   L. Bocher, P. Delobelle, P. Robinet und X. Feaugas. „Mechanical and microstructural investigations of an austenitic stainless steel under non-proportional loadings in tension–torsion-internal and external pressure". In: *International Journal of Plasticity* 17.11 (2001), S. 1491–1530.

[76]   E. Tanaka, S. Murakami und M. Ōoka. „Effects of plastic strain amplitudes on non-proportional cyclic plasticity". In: *Acta Mechanica* 57.3-4 (1985), S. 167–182.

[77]   E. Tanaka, S. Murakami und M. Ōoka. „Effects of strain path shapes on non-proportional cyclic plasticity". In: *Journal of the Mechanics and Physics of Solids* 33.6 (1985), S. 559 –575.

[78]   A. Benallal, P. Le Gallo und D. Marquis. „An experimental investigation of cyclic hardening of 316 stainless steel and of 2024 aluminium alloy under multiaxial loadings". In: *Nuclear Engineering and Design* 114.3 (1989), S. 345–353.

[79] C. H. Wang und M. W. Brown. „A path- independent parameter for fatigue under proportional and non-proportional loading". In: *Fatigue & Fracture of Engineering Materials & Structures* 16.12 (1993), S. 1285–1297.

[80] M. Sakane, S. Kishi, H. Koto und Y. Takahashi. „Fatigue-creep life prediction of 214Cr-1Mo steel under combined tension-torsion at 600°C". In: *Nuclear Engineering and Design* 150.1 (1994), S. 119 –127.

[81] S. Kida, T. Itoh, M. Sakane, M. Ohnami und D. F. Socie. „Dislocation structure and non-proportional hardening od type 304 stainless steel". In: *Fatigue & Fracture of Engineering Materials & Structures* 20.10 (1997), S. 1375–1386.

[82] A. Fatemi und D. F. Socie. „A critical plane approach to multiaxial fatigue damage including out-of-phase loading". In: *Fatigue & Fracture of Engineering Materials & Structures* 11.3 (1987), S. 149–165.

[83] P. D. Portella, F. Jiao, W. Österle und J. Ziebs. „Microstructure and mechanical properties of metallic high-temperature materials". In: Hrsg. von H. Mughrabi, G. Gottstein, H. Mecking, H. Riedel und J. Tobolski. Wiley, 1999. Kap. 22 Mechanical behaviour and microstructural evolution of alloy 800 H under biaxial cyclic loading, S. 306–318.

[84] T. Itoh und T. Yang. „Material dependence of multiaxial low cycle fatigue lives under non-proportional loading". In: *International Journal of Fatigue* 33.8 (2011), S. 1025 –1031.

[85] D. L. McDowell, O. K. Stahl, S. R. Stock und S. D. Antolovich. „Biaxial path dependence of deformation substructure of type 304 stainless steel". In: *Metallurgical Transactions A* 19.5 (1988), S. 1277–1293.

[86] S.-H. Doong, D. F. Socie und I. M. Robertson. „Dislocation Substructures and Nonproportional Hardening". In: *Journal of Engineering Materials and Technology* 112.4 (1990), S. 456–464.

[87] T. Itoh, M. Sakane und K. Ohsuga. „Multiaxial low cycle fatigue life under non-proportional loading". In: *International Journal of Pressure Vessels and Piping* 110.0 (2013), S. 50 –56.

[88] S. Taira, T. Inoue und M. Takahashi. „Low cycle fatigue under multiaxial stresses (in the case of combined cyclic tension-compression and cyclic torsion in the same phase at elevated temperature)". In: *Tenth Japan Congress on Testing Materials*. 1967, S. 18–23.

[89] M. Sakane, M. Sawada und M. Ohnami. „Fracture Modes and Low Cycle Biaxial Fatigue Life at Elevated Temperature". In: *Journal of Engineering Materials and Technology* 109.3 (1987), S. 236–243.

[90] K. S. Chan. *Constitutive modeling for isotropic materials (HOST) third annual status report*. Hrsg. von Constitutive modeling for isotropic materials (HOST). National Aeronautics und Space Administration, Lewis Research Center, 1986.

[91] Y. Isono, K. Fujiyama, M. Sakane und M. Ohnami. „Multiaxial Low-Cycle Fatigue Damage Evaluation Using A. C. Potential Method for Alloy 738LC Superalloy". In: *Journal of Engineering Materials and Technology* 116.4 (1994), S. 488–494.

[92] N. Hamada, M. Sakane und M. Ohnami. „creep-fatigue studies under biaxial stress state at elevated temperature". In: *Fatigue & Fracture of Engineering Materials & Structures* 7.2 (1984), S. 85–96.

[93] S. Nishino, N. Hamada, M. Sakane, M. Ohnami, N. Matsumura und M. Tokizane. „microstructural study oc cyclic strain hardening behaviour in biaxial stress states at elevated temperature". In: *Fatigue & Fracture of Engineering Materials & Structures* 9.1 (1986), S. 65–77.

[94] M. Sakane, F. Yoshida, N. Ohno, M. Kawai, Y. Niitsu und S. Imatani. „Evaluation of inelastic constitutive models under plasticity-creep interaction in multiaxial stress state: The second report of the benchmark project (A) by the Subcommittee on Inelastic Analysis and Life Prediction of High Temperature Materials, JSMS". In: *Nuclear Engineering and Design* 126.1 (1991), S. 1 –11.

[95] P. Delobelle, P. Robinet und L. Bocher. „Experimental study and phenomenological modelization of ratchet under uniaxial and biaxial loading on an austenitic stainless steel". In: *International Journal of Plasticity* 11.4 (1995), S. 295–330.

[96] L. Portier, S. Calloch, D. Marquis und P. Geyer. „Ratchetting under tension–torsion loadings: experiments and modelling". In: *International Journal of Plasticity* 16.3–4 (2000), S. 303 –335.

[97] S. P. Brookes, H. J. Kühn, B. Skrotzki, H. Klingelhöffer, R. Sievert, J. Pfetzing, D. Peter und G. F. Eggeler. „Multi-Axial Thermo-Mechanical Fatigue of a Near-Gamma TiAl-Alloy". In: *Advanced Materials Research* 59 (2009), S. 283–287.

[98] S. P. Brookes. „Thermo-mechanical fatigue behaviour of the near-γ-titanium aluminide alloy TNB-V5 under uniaxial and multiaxial loading". Diss. Ruhr-Universität Bochum, 2009.

[99] S. P. Brookes, H.-J. Kühn, B. Skrotzki, H. Klingelhöffer, R. Sievert, J. Pfetzing, D. Peter und G. Eggeler. „Axial–torsional thermomechanical fatigue of a near-γ TiAl-alloy". In: *Materials Science and Engineering: A* 527.16–17 (2010), S. 3829–3839.

[100] T. Ogata. „Biaxial thermomechanical-fatigue life property of a directionally solidified Ni-base superalloy". In: *Journal of engineering for gas turbines and power* 130.6 (2008), S. 062101–1–062101–5.

[101] J. Meersmann, J. Ziebs, H.-J. Kü hn, R. Sievert, J. Olschewski und H. Frenz. „The Stress-Strain Behaviour of IN738LC under Thermomechanical Uni- and Multiaxial Fatigue Loading". In: *Fatigue under Thermal and Mechanical Loading: Mechanisms, Mechanics and Modelling*. Hrsg. von J. Bressers, L. Rémy, M. Steen und J. L. Vallés. Springer, 1996, S. 425–434.

[102] S. Henkel. „Beitrag zur zyklischen planar-biaxialen Prüfung metallischer Werkstoffe". Diss. Technische Universität Bergakademie Freiberg, 2010.

[103] T. Ogata und Y. Takahashi. „Development of a high-temperature biaxial fatigue testing machine using a cruciform specimen". In: *5th International Conference on Biaxial/Multiaxial Fatigue and Fracture, Cracow*. Hrsg. von E. Macha, W. Bedkowski und T. Łagoda. 1997, S. 257–272.

[104] T. Ogata und Y. Takahashi. „Development of a high-temperature biaxial fatigue testing machine using a cruciform specimen". In: *Multiaxial Fatigue and Fracture Fifth International Conference on Biaxial/Multiaxial Fatigue and Fracture*. Hrsg. von W. Bedkowski E. Macha und T. Łagoda. Bd. 25. European Structural Integrity Society. Elsevier, 1999, S. 101 –114.

[105] T. Itoh, M. Sakane, T. Hata und N. Hamada. „A design procedure for assessing low cycle fatigue life under proportional and non-proportional loading". In: *International Journal of Fatigue* 28.5–6 (2006), S. 459 –466.

[106] T. Itoh und M. Sakane. „Design criteria for multiaxial low cycle fatigue". In: *Journal of Pressure Equipment and Systems* 6 (2008), S. 12–20.

[107] T. Ogata. „Life Prediction Method of CC and DS Ni Base Superalloys Under High Temperature Biaxial Fatigue Loading". In: *Journal of Engineering for Gas Turbines and Power* 132(11) (2010), S. 112101–112101–6.

[108] T. Ogata und T. Sakai. „Life Prediction Method of CC and DS Ni Base Superalloys Under High Temperature Biaxial Fatigue Loading". In: *ASME Turbo Expo 2009*. 2009, S. 1–7.

[109] M. Sakane, S. Zhang, A. Yoshinari, N. Matsuda und N. Isobe. „Multiaxial Low Cycle Fatigue for Ni-Base Single Crystal Super Alloy at High Temperature". In: *Advanced Materials Modelling for Structures*. Hrsg. von Holm Altenbach und Serge Kruch. Bd. 19. Advanced Structured Materials. Springer, 2013, S. 297–305.

[110] S. Zhang und M. Sakane. „Multiaxial creep–fatigue life prediction for cruciform specimen". In: *International Journal of Fatigue* 29.12 (2007), S. 2191 –2199.

[111] S. Zhang, M. Harada, K. Ozaki und M. Sakane. „Multiaxial creep–fatigue life using cruciform specimen". In: *International Journal of Fatigue* 29.5 (2007), S. 852 –859.

[112] A. Samir, A. Simon, A. Scholz und C. Berger. „Service-type creep-fatigue experiments with cruciform specimens and modelling of deformation". In: *International Journal of Fatigue* 28.5–6 (2006), S. 643 –651.

[113] P. Wang, L. Cui, M. Lyschik, A. Scholz, C. Berger und M. Oechsner. „A local extrapolation based calculation reduction method for the application of constitutive material models for creep fatigue assessment". In: *International Journal of Fatigue* 44.0 (2012), S. 253 –259.

[114] P. Wang, L. Cui, A. Scholz, S. Linn und M. Oechsner. „Multiaxial thermomechanical creep-fatigue analysis of heat-resistant steels with varying chromium contents". In: *International Journal of Fatigue* 67.0 (2014), S. 220–227.

[115] L. Cui, P. Wang, H. Hoche, A. Scholz und C. Berger. „The influence of temperature transients on the lifetime of modern high-chromium rotor steel under service-type loading". In: *Materials Science and Engineering: A* 560.0 (2013), S. 767–780.

[116] E. Shiratori und K. Ikegami. „Experimental study of the subsequent yield surface by using cross-shaped specimens". In: *Journal of the Mechanics and Physics of Solids* 16.6 (1968), S. 373 –394.

[117] T. Kuwabara. „Advances in experiments on metal sheets and tubes in support of constitutive modeling and forming simulations". In: *International Journal of Plasticity* 23.3 (2007), S. 385 –419.

[118] T. Kuwabara, M. Kuroda, V. Tvergaard und K. Nomura. „Use of abrupt strain path change for determining subsequent yield surface: experimental study with metal sheets". In: *Acta Materialia* 48.9 (2000), S. 2071 –2079.

[119] J. Granlund. „Structural Steel Plasticity - Experimental study and theoretical modelling". Diss. Luleå University of Technology, 1997.

[120] A. Olsson. „Stainless Steel Plasticity - Material modelling and structural app-
       lications". Diss. Luleå University of Technology, 2001.

[121] J. Gozzi. „Plastic Behaviour of Steel - Experimental investigation and model-
       ling". Diss. Luleå University of Technology, 2004.

[122] J. Gozzi und A. Olsson. „Stainless - Plasticity and constitutive modelling." In:
       The Steel Construction Institute (2005), S. 115–122.

[123] J. Gozzi, A. Olsson und O. Lagerqvist. „Experimental investigation of the
       behavior of extra high strength steel". In: *Experimental Mechanics* 45.6 (2005),
       S. 533–540.

[124] A. Husain, D. K. Sehgal und R. K. Pandey. „An inverse finite element proce-
       dure for the determination of constitutive tensile behavior of materials using
       miniature specimen". In: *Computational Materials Science* 31.1–2 (2004), S. 84–
       92.

[125] D. Lecompte, A. Smits, H. Sol, J. Vantomme und D. Van Hemelrijck. „Mi-
       xed numerical–experimental technique for orthotropic parameter identificati-
       on using biaxial tensile tests on cruciform specimens". In: *International Journal
       of Solids and Structures* 44.5 (2007), S. 1643 –1656.

[126] S. Cooreman, D. Lecompte, H. Sol, J. Vantomme und D. Debruyne. „Identifi-
       cation of Mechanical Material Behavior Through Inverse Modeling and DIC".
       In: *Experimental Mechanics* 48.4 (2008), S. 421–433.

[127] D. Kulawinski, S. Ackermann, A. Glage, S. Henkel und H. Biermann. „Biaxi-
       al Low Cycle Fatigue Behavior and Martensite Formation of a Metastable
       Austenitic Cast TRIP Steel Under Proportional Loading". In: *steel research in-
       ternational* 82.9 (2011), S. 1141–1148.

[128] D. Kulawinski, K. Nagel, S. Henkel, P. Hübner, H. Fischer, M. Kuna und
       H. Biermann. „Characterization of stress–strain behavior of a cast TRIP steel
       under different biaxial planar load ratios". In: *Engineering Fracture Mechanics*
       78.8 (2011), S. 1684 –1695.

[129] D. Kulawinski, S. Henkel, H. Biermann, D. Holländer, M. Thiele und U. Gam-
       pe. „Investigation of the high temperature fatigue behavior of the nickel-base
       superalloy Waspaloy™ under biaxial-planar loading". In: *Tenth International
       Conference on Multiaxial Fatigue & Fracture (ICMFF10), Kyoto*. 2013, 22B5 1–8.

[130] D. Kulawinski, S. Henkel, D. Holländer, M. Thiele, U. Gampe und H. Bier-
       mann. „Fatigue behavior of the nickel-base superalloy Waspaloy™ under
       proportional biaxial-planar loading at high temperature". In: *International
       Journal of Fatigue* 0 (2014), S. 212–219.

[131] R. C. Reed. *The Superalloys: Fundamentals and Applications*. Cambridge University Press, 2006.

[132] M. J. Donachie. *Superalloys: A Technical Guide*. ASM International, 2002.

[133] J. Belan. „Recent Advances in Aircraft Technology". In: Hrsg. von R. Agarwal. In Tech, 2012. Kap. Study of Advanced Materials for Aircraft Jet Engines Using Quantitative Metallography, S. 49–74.

[134] J. R. Davis. *Nickel, Cobalt, and Their Alloys*. ASM specialty handbook. ASM International, 2000.

[135] H. Kitaguchi. „Metallurgy–Advances in Materials and Processes". In: Hrsg. von Y. Pardhi. In Tech, 2012. Kap. Microstructure-Property Relationship in Advanced Ni-Based Superalloys, S. 19–42.

[136] M. R. Winstone und J. W. Brooks. „Advanced high temperature materials: Aeroengine fatigue". In: *Ciência & Tecnologia dos Materiais* 20.1-2 (2008), S. 15–24.

[137] A. M. Brown und M. F. Ashby. „Correlations for diffusion constants". In: *Acta Metallurgica* 28.8 (1980), S. 1085–1101.

[138] A. K. Jena und M. C. Chaturvedi. „The role of alloying elements in the design of nickel-base superalloys". In: *Journal of Materials Science* 19.10 (1984), S. 3121–3139.

[139] T. M. Pollock und S. Tin. „Nickel-based superalloys for advanced turbine engines: chemistry, microstructure and properties". In: *Journal of propulsion and power* 22.2 (2006), S. 361–374.

[140] A. C. Yeh und S. Tin. „Effects of Ru and Re additions on the high temperature flow stresses of Ni-base single crystal superalloys". In: *Scripta Materialia* 52.6 (2005), S. 519 –524.

[141] A. Sato, H. Harada, T. Yokokawa, T. Murakumo, Y. Koizumi, T. Kobayashi und H. Imai. „The effects of ruthenium on the phase stability of fourth generation Ni-base single crystal superalloys". In: *Scripta Materialia* 54.9 (2006), S. 1679 –1684.

[142] G. P. Sabol und R. Stickler. „Microstructure of Nickel-Based Superalloys". In: *physica status solidi (b)* 35.1 (1969), S. 11–52.

[143] Y. Mishima, S. Ochiai und T. Suzuki. „Lattice parameters of Ni(γ), Ni3Al(γ') and Ni3Ga(γ') solid solutions with additions of transition and B-subgroup elements". In: *Acta Metallurgica* 33.6 (1985), S. 1161 –1169.

[144] P. S. Kotval. „The microstructure of superalloys". In: *Metallography* 1 (1969), S. 251 –285.

[145] P. C. J. Gallagher. „The influence of alloying, temperature, and related effects on the stacking fault energy". In: *Metallurgical Transactions* 1.9 (1970), S. 2429–2461.

[146] M. S. A. Karunaratne und R. C. Reed. „Interdiffusion of the platinum-group metals in nickel at elevated temperatures". In: *Acta Materialia* 51.10 (2003), S. 2905 –2919.

[147] N. Eliaz, G. Shemesh und R. M. Latanision. „Hot corrosion in gas turbine components". In: *Engineering Failure Analysis* 9.1 (2002), S. 31–43.

[148] S. Rosen und P. G. Sprang. „The Structure of the γ'-Phase in Nickel-Base Superalloys". In: *Advances in X-Ray Analysis*. Hrsg. von G. R. Mallett, M. J. Fay und W. M. Mueller. Springer, 1966, S. 131–141.

[149] S. Ochial, Y. Oya und T. Suzuki. „Alloying behaviour of Ni_3Al, Ni_3Ga, Ni_3Si and Ni_3Ge". In: *Acta Metallurgica* 32.2 (1984), S. 289 –298.

[150] D. R. Coupland, C. W. Hall und I. R. McGill. „Platinum-Enriched Superalloys". In: *Platinum Metals Review* 26.4 (1982), S. 146–157.

[151] C. C. Jia, K. Ishida und T. Nishizawa. „Partition of alloying elements between γ (A1), γ' (L1$_2$), and β (B2) phases in Ni-Al base systems". In: *Metallurgical and Materials Transactions A* 25.3 (1994), S. 473–485.

[152] R. A. Ricks, A. J. Porter und R. C. Ecob. „The growth of γ' precipitates in nickel-base superalloys". In: *Acta Metallurgica* 31.1 (1983), S. 43 –53.

[153] H. Biermann. „Ursachen und Auswirkungen der gerichteten Vergröberung („Floßbildung") in einkristallinen Nickelbasis-Superlegierungen". Habilitation. Fortschritt-Berichte VDI, Reihe 5, Nr. 550, VDI Verlag, Düsseldorf, 1999.

[154] F. Pyczak, B. Devrient und H. Mughrabi. „The effects of different alloying elements on the thermal expansion coefficients, lattice constants and misfit of nickel-based superalloys investigated by X-ray diffraction". In: *Superalloys 2004* (2004), 827–836.

[155] F. R. N. Nabarro. „Rafting in Superalloys". In: *Metallurgical and Materials Transactions A* 27.3 (1996), S. 513–530.

[156] H. Biermann, M. Strehler und H. Mughrabi. „High-temperature measurements of lattice parameters and internal stresses of a creep-deformed monocrystalline nickel-base superalloy". In: *Metallurgical and Materials Transactions A* 27.4 (1996), S. 1003–1014.

[157] M. Fährmann, P. Fratzl, O. Paris, E. Fährmann und W. C. Johnson. „Influence of coherency stress on microstructural evolution in model Ni-Al-Mo alloys". In: *Acta Metallurgica et Materialia* 43.3 (1995), S. 1007–1022.

[158] R. A. MacKay und M. V. Nathal. „γ′ coarsening in high volume fraction nickel-base alloys". In: *Acta Metallurgica et Materialia* 38.6 (1990), S. 993 –1005.

[159] A. Fredholm und J. L. Strudel. „On the creep resistance of some nickel base single crystals". In: *Superalloys 1984–Proceedings of the fifth International Symposium on Superalloys*. Hrsg. von M. Gell, C. Korrtovich, R. H. Bricknell, W. B. Kent und J. F. Radavich. 1984, S. 211–220.

[160] P. Beardmore, R. G. Davies und T. L. Johnston. „On the temperature dependence of the flow stress of nickel-base alloys". In: *Metalurgical Society of AIME* 245 (1969), S. 1537–1545.

[161] S. Tin, T. M. Pollock und W. Murphy. „Stabilization of thermosolutal convective instabilities in Ni-based single-crystal superalloys: Carbon additions and freckle formation". In: *Metallurgical and Materials Transactions A* 32.7 (2001), S. 1743–1753.

[162] S. Tin und T. M. Pollock. „Phase instabilities and carbon additions in single-crystal nickel-base superalloys". In: *Materials Science and Engineering: A* 348.1–2 (2003), S. 111 –121.

[163] T. J. Garosshen und G. P. McCarthy. „Low temperature carbide precipitation in a nickel base superalloy". In: *Metallurgical Transactions A* 16.7 (1985), S. 1213–1223.

[164] A. Volek, R. F. Singer, R. Bürgel, J. Grossmann und Y. Wang. „Influence of topologically closed packed phase formation on creep rupture life of directionally solidified nickel-base superalloys". In: *Metallurgical and Materials Transactions A* 37.2 (2006), S. 405–410.

[165] R. Darolia, D. F. Lahrman und R. D. Field. „Formation of topologically closed packed phases in Nickel base single crystal Superalloys". In: *Superalloys*. Hrsg. von S. Reichman, D. N. Duhl, G. Maurer, S. Antolovich und D. Lund. 1988, S. 255–264.

[166] B. Seiser, R. Drautz und D. G Pettifor. „TCP phase predictions in Ni-based superalloys: Structure maps revisited". In: *Acta Materialia* 59.2 (2011), S. 749–763.

[167] A. Heckl, R. Rettig und R. F. Singer. „Solidification Characteristics and Segregation Behavior of Nickel-Base Superalloys in Dependence on Different Rhenium and Ruthenium Contents". In: *Metallurgical and Materials Transactions A* 41.1 (2010), S. 202–211.

[168] P. K. Sung und D. R. Poirier. „Liquid-solid partition ratios in nickel-base alloys". In: *Metallurgical and Materials Transactions A* 30.8 (1999), S. 2173–2181.

[169] Q. Feng, L. J. Carroll und T. M. Pollock. „Soldification segregation in ruthenium-containing nickel-base superalloys". In: *Metallurgical and Materials Transactions A* 37.6 (2006), S. 1949–1962.

[170] A. Porter und B. Ralph. „The recrystallization of nickel-base superalloys". In: *Journal of Materials Science* 16.3 (1981), S. 707–713.

[171] R. Bürgel, P. D. Portella und J. Preuhs. „Recrystallization in single crystals of nickel base superalloys". In: *Superalloys 2000* (2000), S. 229.

[172] R. A. Steven und P. E . J. Flewitt. „Microstructural changes which occur during isochronal heat treatment of the nickel-base superalloy IN-738". In: *Journal of Materials Science* 13.2 (1978), S. 367–376.

[173] M. P. Jackson und R. C. Reed. „Heat treatment of UDIMET 720Li: the effect of microstructure on properties". In: *Materials Science and Engineering: A* 259.1 (1999), S. 85 –97.

[174] J. Safari und S. Nategh. „On the heat treatment of Rene-80 nickel-base superalloy". In: *Journal of Materials Processing Technology* 176.1–3 (2006), S. 240 –250.

[175] B. C. Wilson, J. A. Hickman und G. E. Fuchs. „The effect of solution heat treatment on a single-crystal Ni-based superalloy". In: *JOM* 55.3 (2003), S. 35–40.

[176] P. Caron. „High γ' solvus new generation nickel–based superalloys for single crystal turbine blade applications". In: *Superalloys* (2000), S. 737–746.

[177] G. E. Fuchs. „Solution heat treatment response of a third generation single crystal Ni-base superalloy". In: *Materials Science and Engineering: A* 300.1–2 (2001), S. 52–60.

[178] R. A. Stevens und P. E. J. Flewitt. „The effects of γ' precipitate coarsening during isothermal aging and creep of the nickel-base superalloy IN-738". In: *Materials Science and Engineering* 37.3 (1979), S. 237 –247.

[179] T. Beck, P. Hähner, H.-J. Kühn, C. Rae, E. E. Affeldt, H. Andersson, A. Köster und M. Marchionni. „Thermo-mechanical fatigue–the route to standardisation („TMF-Standard" project)". In: *Materials and Corrosion* 57.1 (2006), S. 53–59.

[180] P. Hähner, E. Affeldt, T. Beck, H. Klingelhöffer, M. Loveday und C. Rinaldi. „Validated code-of-practice for strain-controlled thermo-mechanical fatigue testing". In: *EC-Report EUR 22281 EN* (2006).

[181] P. Hähner u. a. „Research and development into a European code-of-practice for strain-controlled thermo-mechanical fatigue testing". In: *International Journal of Fatigue* 30.2 (2008), S. 372–381.

[182] J. McAllister. „The control of cruciform testing systems using opposed pairs of servo-hydraulic actuators". In: *Innovations in fluid power–7th bath international fluid power workshop*. Bd. 2. COM. 1995, S. 311–320.

[183] A. Scholz, M. Schwienheer, F. Müller, S. Linn, M. Schein, C. Walther und C. Berger. „Hochtemperaturprüfung - Ein Beitrag zur Werkstoffentwicklung und -qualifizierung sowie Simulation der Bauteilbeanspruchung". In: *Materialwissenschaft und Werkstofftechnik* 38.5 (2007), S. 372–378.

[184] A. Samir. „Konstitutive Werkstoffbeschreibung im Kriech- und Kriechermüdungsbereich am Beispiel des warmfesten Schmiedestahls 28CrMoNiV4-9". Diss. TU Darmstadt, 2007.

[185] S. Zinn und S. L. Semiatin. „Coil design and fabrication: basic design and modifications". In: *Heat Treating* 12 (1988), S. 32–36.

[186] S. Zinn und S. L. Semiatin. „Coil design and fabrication: part 2, specialty coils". In: *Heat Treating* 12 (1988), S. 29–32.

[187] S. Zinn und S. L. Semiatin. „Coil design and fabrication: part 3, fabrication principles". In: *Heat Treating* 12 (1988), S. 39–41.

[188] H. Masumoto und M. Tanaka. „Ultra high temperature in-plane biaxial fatigue testing system with in situ observation". In: *Ultra high temperature mechanical testing*. Hrsg. von R. D. Lohr und M. Steen. 1995, S. 193–207.

[189] M. Sakane, M. Ohnami, T. Kuno und T. Itsumura. „High temperature biaxial low cycle fatigue using cruciform specimen". In: *Journal of the Society of Material Science, Japan* 37.414 (1987), S. 340–346.

[190] D. Kulawinski, D. Holländer, M. Thiele, U. Gampe und H. Biermann. „Aufbau eines biaxial-planaren Versuchsstandes für die Hochtemperaturermüdungsprüfung von Nickelbasis-Superlegierungen unter Verwendung der kreuzförmigen Probengeometrie". In: *30. Tagung Werkstoffprüfung–Fortschritte in der Werkstoffprüfung für Forschung und Praxis*. 2012, S. 231–236.

[191] D. Kulawinski, D. Holländer, M. Thiele, H. Biermann und U. Gampe. „Untersuchung des Hochtemperatur-Ermüdungsverhaltens unter biaxial planarer Last". In: *ECEMP - European Centre for Emerging Materials and Processes Dresden*. Hrsg. von W. A. Hufenbach. Bd. 3. Verlag Wissenschaftliche Scripten, 2012, S. 262–281.

[192] H.-J. Kühn, O. Kahlcke und S. Brookes. „A practicable nominal temperature tolerance for TMF-tests". In: *International Journal of Fatigue* 30.2 (2008), S. 277 –285.

[193] H. C. M. Andersson und E. Sjöström. „Thermal gradients in round TMF specimens". In: *Int. J. Fatigue* 30.2 (2008), S. 391–396.

[194] M. Roth. „Verhalten und Lebensdauer einer intermetallischen Legierung auf Basis von γ-TiAl unter thermomechanischer Beanspruchung". Diss. Technische Universität Bergakademie Freiberg, 2010.

[195] M. Roth und H. Biermann. „Thermomechanical Fatigue Behavior of the Intermetallic γ-TiAl Alloy TNB-V5 with Different Microstructures". In: *Metallurgical and Materials Transactions A* 41.3 (2010), S. 717–726.

[196] R. E. Bailey. „Some Effects Of Hot Working Practice On Waspaloy's Structure And Tensile Properties". In: *The Second International Conference on Superalloys– Processing* unknown (1972), S. 22.

[197] Y. C. Fayman. „γ-γ' partitioning behaviour in Waspaloy". In: *Materials Science and Engineering* 82.0 (1986), S. 203–215.

[198] V. S. Kumar G. Kelekanjeri und R. A. Gerhardt. „Characterization of microstructural fluctuations in Waspaloy exposed to 760°C for times up to 2500 h". In: *Electrochimica Acta* 51.8–9 (2006), S. 1873 –1880.

[199] M. Tränkner, B. Vetter und C. Leyens. „Einfluss der Gießparameter auf Gefügeausbildung und Eigenschaften von Ni-Basislegierungen". In: *ECEMP - European Centre for Emerging Materials and Processes Dresden.* Hrsg. von W. A. Hufenbach. Bd. 2. Verlag Wissenschaftliche Scripten, 2011, S. 87–104.

[200] M. Tränkner, B. Dietrich, B. Vetter und C. Leyens. „Effect of Casting Conditions on Microstructural Evolution and Hardness of IN738LC in Step Wedge and Plate Geometries". In: *Materials Science & Technology, Montreal, Canada.* 2013.

[201] D. Bettge, W. Österle und J. Ziebs. „Temperature dependence of yield strength and elongation of the nickel-base superalloy IN 738 LC and the corresponding microstructural evolution". In: *Zeitschrift für Metallkunde* 86.3 (1995), S. 190–197.

[202] D. Bettge. „Mikrostrukturelle Untersuchungen zum Verformungs- und Bruchverhalten der Nickelbasislegierungen SC16 und IN738LC". Diss. Technische Universität Berlin, 1997.

[203] E. Balikci, R. A. Mirshams und A. Raman. „Fracture behavior of superalloy IN738LC with various precipitate microstructures". In: *Materials Science and Engineering A* 265.1-2 (1999), S. 50–62.

[204] E. Balikci und A. Raman. „Characteristics of the γ' precipitates at high temperatures in Ni-base polycrystalline superalloy IN738LC". In: *Journal of Materials Science* 35.14 (2000), S. 3593–3597.

[205] N. El-Bagoury, M. Waly und A. Nofal. „Effect of various heat treatment conditions on microstructure of cast polycrystalline IN738LC alloy". In: *Materials Science and Engineering: A* 487.1-2 (2008), S. 152–161.

[206] S. S. Hosseini, S. Nategh und A. A. Ekrami. „Microstructural evolution in damaged IN738LC alloy during various steps of rejuvenation heat treatments". In: *Journal of Alloys and Compounds* 512.1 (2012), S. 340–350.

[207] R. W. Hayes und W. C. Hayes. „On the mechanism of delayed discontinuous plastic flow in an age-hardened nickel alloy". In: *Acta Metallurgica* 30.7 (1982), S. 1295–1301.

[208] A. H. Cottrell. „LXXXVI. A note on the Portevin-Le Chatelier effect". In: *Philosophical Magazine Series 7* 44.355 (1953), S. 829–832.

[209] H. Yoshinaga und S. Morozumi. „The solute atmosphere round a moving dislocation and its dragging stress". In: *Philosophical Magazine* 23.186 (1971), S. 1367–1385.

[210] G. Schoeck. „The portevin-le chatelier effect. A kinetic theory". In: *Acta Metallurgica* 32.8 (1984), S. 1229 –1234.

[211] B. Borchert und W. Betz. *Verhalten von Turbinenwerkstoffen unter Low Cycle Fatigue*. Techn. Ber. mtu Motoren- und Turbinen- Union München GmbH, 1979.

[212] B. Borchert, G. König und H. Schmid. *Möglichkeiten für eine genauere Lebensdauervorhersage für Bauteile: Abschlussbericht; Berichtszeitraum 1.1.1981-31.12.1983; Contract BMFT 01ZB090; COST 50 III; Projekt*. Techn. Ber. Teil 14. mtu Motoren- und Turbinen- Union München GmbH, 1984.

[213] B. A. Cowles, D. L. Sims und J. R. Warren. *Evaluation of cyclic behavior of aircraft turbine disk alloys*. Techn. Ber. Praft & Whitney Aircraft Group, 1978.

[214] B. Wilshire und P. J. Scharning. „Theoretical and practical approaches to creep of Waspaloy". In: *Materials Science and Technology* 25.2 (2009), S. 242–248.

[215] F. H. Norton. *The Creep of Steel at High Temperatures*. McGraw-Hill Book Company, 1929.

[216] F. R. N. Nabarro. „Do we have an acceptable model of power-law creep?" In: *Materials Science and Engineering: A* 387–389.0 (2004), S. 659 –664.

[217] O. Ajaja, T. E. Howson, S. Purushothaman und J. K. Tien. „The role of the alloy matrix in the creep behavior of particle-strengthened alloys". In: *Materials Science and Engineering* 44.2 (1980), S. 165–172.

[218] B. Reppich. „Ein auf Mikromechanismen abgestütztes Modell der Hochtemperaturfestigkeit und Lebensdauer für teilchengehärtete Legierungen". In: *Zeitschrift für Metallkunde* 73.11 (1982), S. 697–705.

[219] D. J. Wilson und A. Ferrari. *Time-dependent edge notch sensitivity of oxide and gamma prime dispersion strengthened sheet materials at 1000° to 1800°F (538-982°C)*. Techn. Ber. The University of Michigan, 1972.

[220] A. Marucco und B. Nath. „Effects of ordering on the properties of Ni-Cr alloys". In: *Journal of Materials Science* 23.6 (1988), S. 2107–2114.

[221] A. Martinsson. „Ageing Influence on Nickel-based Superalloys at Intermediate Temperatures (400–600°C)". Magisterarb. Lulea University of Technology, 2006.

[222] E. Lang, V. Lupinc und A. Marucco. „Effect of thermomechanical treatments on short-range ordering and secondary-phase precipitation in Ni–Cr-based alloys". In: *Materials Science and Engineering: A* 114.0 (1989), S. 147 –157.

[223] B. Reppich. „Negatives Kriechen". In: *Zeitschrift für Metallkunde* 75 (1984), S. 193–202.

[224] Z. Yao, M. Zhang und J. Dong. „Stress Rupture Fracture Model and Microstructure Evolution for Waspaloy". In: *Metallurgical and Materials Transactions A* 44.7 (2013), S. 3084–3098.

[225] C. Berger, J. Granacher und A. Thoma. „Creep rupture behaviour of nickel base alloys for 700°C-steam turbines". In: *International Symposium on Superalloys 718, 625, 706 and Various Derivatives, TMS*. 2001, S. 489–499.

[226] E. Liu und Z. Zheng. „Advances in Gas Turbine Technology". In: *Materials Science Forum*. Hrsg. von E. Benini. InTech, 2011. Kap. 17–Study of a New Type High Strength Ni-Based Superalloy DZ468 with Good Hot Corrosion Resistance, S. 399–410.

[227] R. Sharghi-Moshtaghin und S. Asgari. „The influence of thermal exposure on the *gamma'* precipitates characteristics and tensile behavior of superalloy IN-738LC". In: *Journal of Materials Processing Technology* 147.3 (2004), S. 343–350.

[228] R. Sharghi-Moshtaghin und S. Asgari. „The characteristics of serrated flow in superalloy IN738LC". In: *Materials Science and Engineering: A* 486.1-2 (2008), S. 376–380.

[229] R. Castillo, A. K. Koul und E. H. Toscano. „Lifetime Prediction Under Constant Load Creep Conditions for a Cast Ni-Base Superalloy". In: *Journal of Engineering for Gas Turbines and Power* 109.1 (1987), S. 99–106.

[230] H. Basoalto, S. K. Sondhi, B. F. Dyson und M. McLean. „A generic microstructure-explicit model of creep in nickel-base superalloys". In: *Superalloys* (2004), S. 897–906.

[231] R. A. Stevens und P. E. J. Flewitt. „The dependence of creep rate on microstructure in a γ' strengthened superalloy". In: *Acta Metallurgica* 29.5 (1981), S. 867 –882.

[232] K.-H. Kloos, J. Granacher und T. Preußler. „Beschreibung des Kriechverhaltens von Gasturbinenwerkstoffen. Teil II: Kriechgleichung für die Werkstoffsorte IN-738 LC". In: *Materialwissenschaft und Werkstofftechnik* 22.11 (1991), S. 399–407.

[233] D . A. Woodford und J. J. Frawley. „The effect of grain boundary orientation on creep and rupture of IN-738 and nichrome". In: *Metallurgical Transactions* 5.9 (1974), S. 2005–2013.

[234] E. Haibach. *Betriebsfestigkeit Verfahren und Daten zur Bauteilberechnung.* Hrsg. von E. Haibach. Springer, 2006.

[235] A. Plumtree und H. A. Abdel-Raouf. „Cyclic stress–strain response and substructure". In: *International Journal of Fatigue* 23.9 (2001), S. 799 –805.

[236] Z. Wang und C. Laird. „Relationship between loading process and Masing behavior in cyclic deformation". In: *Materials Science and Engineering: A* 101.0 (1988), S. L1 –L5.

[237] M. Heilmaier, H. J. Maier, A. Jung, M. Nganbe, F. E. H. Müller und H.-J. Christ. „Cyclic stress–strain response of the ODS nickel-base, superalloy PM 1000 under variable amplitude loading at high temperatures". In: *Materials Science and Engineering: A* 281.1-2 (2000), S. 37–44.

[238] D. Ye, D. Ping, Z. Wang, H. Xu, X. Mei, C. Xu und X. Chen. „Low cycle fatigue behavior of nickel-based superalloy GH4145/SQ at elevated temperature". In: *Materials Science and Engineering: A* 373.1-2 (2004), S. 54 –64.

[239] H.-J. Christ und H. Mughrabi. „Cyclic stress–strain response and microstructure under variable amplitude loading". In: *Fatigue & Fracture of Engineering Materials & Structures* 19.2-3 (1996), S. 335–348.

[240] H. J. Maier, P. Gabor, N. Gupta, I. Karaman und M. Haouaoui. „Cyclic stress–strain response of ultrafine grained copper". In: *International Journal of Fatigue* 28.3 (2006), S. 243 –250.

[241] S. Y. Zamrik, M. Mirdamadi und F. Zahiri. *Axial and torsional fatigue behavior of Waspaloy*. Techn. Ber. Pennsylvania State University, Engineering Science und Mechanics Department, 1986.

[242] R. W. Hertzberg. *Deformation and fracture mechanics of engineering materials*. Wiley & Sons, 1996.

[243] M. Clavel und A. Pineau. „Fatigue behaviour of two nickel-base alloys I: Experimental results on low cycle fatigue, fatigue crack propagation and substructures". In: *Materials Science and Engineering* 55.2 (1982), S. 157–171.

[244] J. Morrow und F. R. Tuler. „Low Cycle Fatigue Evaluation of Inconel 713C and Waspaloy". In: *Journal of Basic Engineering* 87 (1965), S. 275–289.

[245] W. Ramberg und W. R. Osgood. *Description of stress-strain curves by three parameters*. Techn. Ber. 902. National advisory comittee for aeronautics, 1943.

[246] R. L. Dreshfield. „Evaluation of mechanical properties of low-cobalt wrought superalloy". In: *Superalloys*. 1992, S. 317–326.

[247] R. L. Dreshfield. „Evaluation of mechanical properties of a low-cobalt wrought superalloy". In: *Journal of Materials Engineering and Performance* 2.4 (1993), S. 517–522.

[248] J. Bressers, E. Fenske, R. de Cat und Joint Research Centre (Petten Establishment). Materials Division. *Effects of Test Parameter Variability on Scatter of Creep Rupture Data of Waspaloy*. Techn. Ber. Commission of the European Communities, 1981.

[249] J. Bressers, M. Roth, P. Tambuyser und E. Fenske. *European concerted action COST 50 Materials for gas turbines, CCR2 — The effect of time-dependent processes on the LCF life of gas turbine disc alloys, Final report, Round 2, April 1982*. Techn. Ber. Commission of the European Communities, 1982.

[250] B. A. Cowles, J. R. Warren und F. K. Haake. *Evaluation of cyclic behavior of aircraft turbine disk alloys: part II*. Techn. Ber. Praft & Whitney Aircraft Group, 1980.

[251] S. Y. Zamrik und F. Zahiri. „Biaxial Creep-Fatigue Failure Characteristics in Two FCC Materials". In: *Journal of Engineering Materials and Technology* 109 (1987), S. 203–208.

[252] S. Y. Zamrik und R. N. Pangborn. „Fatigue damage assessment using x-ray diffraction and life prediction methodology". In: *Nuclear Engineering and Design* 116.3 (1989), S. 407 –413.

[253] S. Mannan, S. Patel und J. deBarbadillo. „Long term thermal stabiliy of inconel alloys 718, 706, 909, and Waspaloy at 593°C and 704°C". In: *Superalloys 2000* (2000), S. 449 –458.

[254] H. S. Ho, M. Risbet, X. Feaugas und G. Moulin. „Damage mechanism related to localization of plastic deformation of Waspaloy: effect of grain size". In: *Procedia Engineering* 10.0 (2011), S. 863–868.

[255] E. E. Affeldt und L. C. de la Cruz. „Thermo-mechanical fatigue of a wrought nickel based alloy". In: *Materials at High Temperatures*. Hrsg. von J. R. Nicholls, R. P. Skelton, V. A. Ravi, F. H. Stott und T. Suzuki. Bd. 30. 1. 2013, S. 69–76.

[256] M. Rupp und E. E. Affeldt. „Thermo-mechanical fatigue testing of a rhenium-free single-crystalline super alloy". In: *Materials at High Temperatures*. Hrsg. von J. R. Nicholls, R. P. Skelton, V. A. Ravi, F. H. Stott und T. Suzuki. Bd. 30. 1. 2013, S. 83–86.

[257] A. Nitta und K. Kuwabara. „High temperature creep-fatigue". In: *High Temperature Creep-Fatigue*. Hrsg. von R. Ohtani, M. Ohnami und T. Inoue. Elsevier Applied Science, 1988. Kap. Thermal-Mechanical Fatigue Failure and Life Prediction, S. 203–222.

[258] F. Vöse, M. Becker, A. Fischersworring-Bunk und H.-P. Hackenberg. „An approach to life prediction for a nickel-base superalloy under isothermal and thermo-mechanical loading conditions". In: *International Journal of Fatigue* 53.0 (2013), S. 49 –57.

[259] M. Clavel und A. Pineau. „Intergranular fracture associated with heterogeneous deformation modes during low cycle fatigue in a Ni-base superalloy". In: *Scripta Metallurgica* 16.4 (1982), S. 361–364.

[260] B. A. Lerch. *Microstructural effects on the room and elevated temperature low cycle fatigue behavior of Waspaloy*. Techn. Ber. National Aeronautics und Space Administration, 1982.

[261] H. F. Merrick. „The low cycle fatigue of three wrought nickel-base alloys". In: *Metallurgical Transactions* 5.4 (1974), S. 891–897.

[262] B. A. Lerch, N. Jayaraman und S. D. Antolovich. „A study of fatigue damage mechanisms in Waspaloy from 25 to 800°C". In: *Materials Science and Engineering* 66.2 (1984), S. 151 –166.

[263] H. F. Merrick und S. Floreen. „The effects of microstructure on elevated temperature crack growth in nickel-base alloys". In: *Metallurgical Transactions A* 9.2 (1978), S. 231–236.

[264] S. P. Lynch, T. C. Radtke, B. J. Wicks und R. T. Byrnes. „Fatigue crack growth in nickel-based superalloys at 500-700°C. I: Waspaloy". In: *Fatigue & Fracture of Engineering Materials & Structures* 17.3 (1994), S. 297–311.

[265] J. Byrne, R. Hall und L. Grabowski. „Elevated temperature fatigue crack growth under dwell conditions in Waspaloy". In: *International Journal of Fatigue* 19.5 (1997), S. 359–367.

[266] I. P. Vasatis und R. M. Pelloux. „The effect of environment on the sustained load crack growth rates of forged Waspaloy". In: *Metallurgical Transactions A* 16.8 (1985), S. 1515–1520.

[267] C. Sommer, H.-J. Christ und H. Mughrabi. „Non-linear elastic behaviour of the roller bearing steel SAE 52100 during cyclic loading". In: *Acta Metallurgica et Materialia* 39.6 (1991), S. 1177–1187.

[268] J. Li und R. P. Wahi. „Investigation of *gamma/gamma'* lattice mismatch in the polycrystalline nickel-base superalloy IN738LC: Influence of heat treatment and creep deformation". In: *Acta Metallurgica et Materialia* 43.2 (1995), S. 507–517.

[269] Z. F. Yue und Z. Z. Lu. „The influence of crystallographic orientation and strain rate on the high-temperature low-cyclic fatigue property of a nickel-base single-crystal superalloy". In: *Metallurgical and Materials Transactions A* 29.3 (1998), S. 1093–1099.

[270] Y. Zhufeng, T. Xiande, Y. Zeyong und L. Haiyan. „A crystallographic model for the orientation dependence of low cyclic fatigue property of a nickel-base single crystal superalloy". In: *Applied Mathematics and Mechanics* 21.4 (2000), S. 415–424.

[271] W. Österle, D. Bettge, B. Fedelich und H. Klingelhöffer. „Modelling the orientation and direction dependence of the critical resolved shear stress of nickel-base superalloy single crystals". In: *Acta Materialia* 48.3 (2000), S. 689 –700.

[272] F. Jiao, D. Bettge, W. Österle und J. Ziebs. „Tension–compression asymmetry of the (001) single crystal nickel base superalloy SC16 under cyclic loading at elevated temperatures". In: *Acta Materialia* 44.10 (1996), S. 3933 –3942.

[273] M. Petrenec, M. Šmíd, K. Obrtlík und J. Polák. „Effect of temperature on the cyclic stress components of Inconel 738LC superalloy". In: *ECF17*. 2008, S. 1358–1365.

[274] M. Šmíd, M. Petrenec, J. Polák, K. Obrtlík und A. Chlupová. „Analysis of the Effective and Internal Cyclic Stress Components in the Inconel Superalloy Fatigued at Elevated Temperature". In: *Advanced Materials Research* 278 (2011), S. 393–398.

[275] P. Strunz, M. Petrenec, U. Gasser, J. Tobias, J. Polak und J. Saroun. „Precipitate microstructure evolution in exposed IN738LC superalloy". In: *Journal of Alloys and Compounds* 589.0 (2014), S. 462 –471.

[276] K. Obrtlík, A. Chlupová, M. Petrenec und J. Polák. „Low cycle fatigue of cast superalloy Inconel 738LC at high temperature". In: *Key Engineering Materials* 385 (2008), S. 581–584.

[277] A. Strang. „High temperature properties of coated superalloys". In: *Behaviour of high temperature alloys in aggresive environments–Proceedings of the Petten International Conference.* Hrsg. von I. Kirman, J. B. Marriott, M. Merz, P. R. Sahm und D. P. Whittle. The Metals Society, London, 1979, S. 595–611.

[278] G. B. Thomas und R. K. Varma. *Assessment of low cycle fatigue and creep-fatigue behavior of Ni-Cr-base superalloys.* Cost50–Material for gas turbines, Final Report , Round 3. National Physical Laboratory, 1984.

[279] H. Chen. „Mechanisches Verhalten und mikroskopische Mechanismen bei der Nickelbasissuperlegierung IN738LC bei hohen Temperaturen unter Kriech- und Ermüdungsbeanspruchung". Diss. Technische Universität Berlin, 1995, V, 117 S.

[280] J. Ziebs. *Gesetzmäßigkeiten für die werkstoffmechanische Beschreibung der einkristallinen Nickelbasislegierung SC 16 unter ein- und mehrachsiger Beanspruchung.* Techn. Ber. 222. Bundesanstalt für Materialforschung und -prüfung, 1998.

[281] S. A. Yandt. „Development of a Thermal-Mechanical Fatigue Testing Facility". Magisterarb. Carleton Universit, 1998.

[282] S. Yandt, D.Y. Seo, P. Au und J. Beddoes. „Isothermal and Thermomechanical Fatigue Behaviour of IN738LC". In: *ICF12, Ottawa 2009.* 2013.

[283] X. Chen, Q. Gao und X.-F. Sun. „LOW-CYCLE FATIGUE UNDER NON-PROPORTIONAL LOADING". In: *Fatigue & Fracture of Engineering Materials & Structures* 19.7 (1996), S. 839–854.

[284] J. S. Hyun, G. W. Song und Y. S. Lee. „Thermo-mechanical fatigue of the nickel base superalloy IN738LC for gas turbine blades". In: *Key Engineering Materials* 321 (2006), S. 509–512.

[285] E. Fleury und J. S. Ha. „Thermomechanical fatigue behaviour of nickel base superalloy IN738LC Part 2–Lifetime prediction". In: *Materials Science and Technology* 17.9 (2001), S. 1087–1092.

[286] G. Engberg und L. E. Larsson. „Thermomechanical and Low Cycle Fatigue Properties and Their Relation to Creep for the Nickel Base Alloys IN738LC and IN597". Diss. Royal Institute of Technology, Stockholm, 1984.

[287] Z. W. Huang, Z. G. Wang, S. J. Zhu, F. H. Yuan und F. G. Wang. „Thermomechanical fatigue behavior and life prediction of a cast nickel-based superalloy". In: *Materials Science and Engineering: A* 432.1–2 (2006), S. 308–316.

[288] S. Esmaeili, C. C. Engler-Pinto Jr., B. Ilschner und F. Rézaï-Aria. „Interaction between oxidation and thermo-mechanical fatigue in IN738LC superalloy–I". In: *Scripta Metallurgica et Materialia* 32.11 (1995), S. 1777–1781.

[289] S. Esmaeili, C. C. Engler-Pinto Jr., B. Ilschner und F. Rézaï-Aria. „The Effect of Thermo-Mechanical Fatigue Loading on Surface Oxidation of IN738LC Superalloy". In: *Fatigue under Thermal and Mechanical Loading: Mechanisms, Mechanics and Modelling*. Hrsg. von J. Bressers, L. Remy, M. Steen und J. L. Valles. Springer, 1996, S. 103–108.

[290] H. Frenz, J. Meersmann, J. Ziebs, H.-J. Kühn, R. Sievert und J. Olschewski. „High-temperature behaviour of IN 738 LC under isothermal and thermomechanical cyclic loading". In: *Materials Science and Engineering: A* 230.1–2 (1997), S. 49–57.

[291] F. Jiao, J. Zhu, R. P. Wahi, H. Chen, W. Chen und H. Wever. „Low cycle fatigue behavior of IN 738LC at 1223 K". In: *Low cycle fatigue and elasto-plastic behaviour of materials–3*. Hrsg. von K. T. Rie, Federation of European Materials Societies und ASM International. Bd. 3. Elsevier Applied Science, 1992, S. 298–303.

[292] W. Chen, A. Dudka, H. Chen, D. Mukherji, R. P. Wahi und H. Wever. „Damage and Fatigue Life of Superalloy IN738LC under Thermo-Mechanical and Low Cycle Fatigue Loading". In: *Fatigue under Thermal and Mechanical Loading: Mechanisms, Mechanics and Modelling*. Hrsg. von J. Bressers, L. Remy, M. Steen und J. L. Valles. Springer, 1996, S. 97–102.

[293] R. P. Wahi, J. Auerswald, D. Mukherji, A. Dudka, H.-J. Fecht und W. Chen. „Damage mechanisms of single and polycrystalline nickel base superalloys SC16 and IN738LC under high temperature LCF loading". In: *International Journal of Fatigue* 19.93 (1997), S. 89–94.

[294] J. Polak, K. Obrtlik, M. Petrenec, J. Man und T. Kruml. „Mechanisms of High Temperature Damage in Elastoplastic Cyclic Loading of Nickel Superalloys and TiAl Intermetallics". In: *Procedia Engineering* 55.0 (2013), S. 114 –122.

[295] T. Łagoda, E. Macha und M. Sakane. „Estimation of high temperature fatigue lifetime of SUS304 steel with an energy parameter in the critical plane". In: *Journal of Theoretical and Applied Mechanics* 41 (2003), S. 55–73.

[296] D. L. McDowell, S. D. Antolovich und R. L. T. Oehmke. „Mechanistic considerations for TMF life prediction of nickel-base superalloys". In: *Nuclear Engineering and Design* 133.3 (1992), S. 383 –399.

[297] H. Sehitoglu. „ASM Handbook: Fatigue and Fracture". In: Hrsg. von S. R. Lampman. Bd. 19. ASM International, 1996. Kap. Thermal and thermomechanical fatigue of structural alloys, S. 527–556.

[298] K. N. Smith, P. Watson und T. H. Topper. „A Stress-strain function for the fatigue of metals". In: *Journal of Materials* 5.4 (1970), S. 767–778.

[299] M. Roth und H. Biermann. „Thermo-mechanical fatigue behaviour of the γ-TiAl alloy TNB-V5". In: *Scripta Materialia* 54.2 (2006), S. 137 –141.

[300] M. Roth und H. Biermann. „Thermo-mechanical fatigue behaviour of a modern γ-TiAl alloy". In: *International Journal of Fatigue* 30.2 (2008), S. 352 –356.

[301] W. J. Ostergren. „A Damage Function and Associated Failure Equations for Predicting Hold Time and Frequency Effects in Elevated Temperature, Low Cycle Fatigue". In: *Jornal of Testing and Evaluation* 4 (1976), S. 327–339.

[302] T. S. Cook, J. H. Laflen, R. H. Van Stone und P. K. Wright. „TMF Experience With Gas Turbine Engine Materials". In: *Agard–Thermal Mechanical Fatigue of Aircraft Engine Materials*. 1996, S. 2–1–2–15.

[303] A. G. de la Yedra, A. Martin-Meizoso, R. R. Martin und J. L. Pedrejon. „Thermomechanical fatigue behavior and life prediction of C–1023 Nickel based superalloy". In: *Anales de Mecanica de la Fractura 28* 1 (2011), S. 305–310.

[304] A. G. de la Yedra, A. Martín-Meizoso, R. R. Martín und J. L. Pedrejón. „Thermo-mechanical fatigue behaviour and life prediction of C-1023 nickel based superalloy". In: *International Journal of Engineering, Science and Technology* 3.6 (2011), S. 88–101.

[305] A. G. de la Yedra, J. L. Pedrejon und A. Martin-Meizoso. „Thermo-mechanical fatigue tests on MarM-247 nickel-based superalloy using the direct resistance method". In: *Materials at High Temperatures* 30.1 (2013), S. 19–26.

[306] F. Liu, S. H. Ai, Y. C. Wang, H. Zhang und Z. G. Wang. „Thermal-mechanical fatigue behavior of a cast K417 nickel-based superalloy". In: *International Journal of Fatigue* 24.8 (2002), S. 841 –846.

[307] R. A. Kupkovits. „Thermomechanical fatigue behavior of the directionally-solidified Nickel-base superalloy CM247LC". Magisterarb. Georgia Institute of Technology, 2008.

[308] S. Y. Zamrik und M. L. Renauld. „Thermo-mechanical Fatigue Behavior of Materials". In: Hrsg. von H. Sehitoglu und H. J. Meier. Bd. 3rd. ASTM, 2000. Kap. Life Prediction–Thermo-mechanical Out-of-Phase Fatigue Life of Overlay Coated IN-738LC Gas Turbine Material, S. 119–137.

[309] D. Lee, I. Shin, Y. Kim, J. M. Koo und C. S. Seok. „A study on thermo mechanical fatigue life prediction of Ni-base superalloy". In: *International Journal of Fatigue* 62.0 (2014), S. 62 –66.

Abbildungsverzeichnis

Tabellenverzeichnis